黑色慾經

神祕手卷 著作
黑色麥克 整理

THE BLACK DESIRE SCRIPTURE

我們透過性愛誕生到這個世界來
但對性愛卻一知半解
不是過於放縱使用它
就是屈於傳統道德的規範壓抑它

請透過這本書　管理好自己的生命能量
讓祂帶領你超越一切　找到屬於自己的眞相

THE BLACK
DESIRE SCRIPTURE

寫在前頭

PREFACE

黑色慾經是一本超越宗教信仰和各種靈修知識的不可思議奇書，它直接指向造物主，不談非造物主的一切過程。它帶領我們真正到達彼岸，同時窺見生命的奧妙與本來面目。

生命的源頭就是造物主，各種問題的解答也只能向造物主求。脫離了造物主就脫離了眞相，而非關造物主的一切探索，只能得到一些似是而非的自我安慰。

1995年，從一位教授的手中拿到了一本手卷，從此我的人生便走進了試煉與探索的道路。

手卷內容幾乎都是不成章節的個別記載，沒有順序，很難閱讀。裡面都是一些類似啓示的經文，以及夾雜著好似個人心得的記錄。在當時，對我而言，就是一本教授送的特殊“禮物”，雖然很認真的仔細研讀，但總覺得跟自己的生命無法連結，打不進內心產生共鳴。

直到2002年，經歷了生命中非常重大的事件轉折，我從有變到無，這本手卷才開始撞擊到我的內心底層，但之後卻又是一連串體驗和磨難的開始。

稱它為神祕手卷是因為來源出處不詳，有許多內容是啓示經文下的心得記錄，也有不同的筆跡和顏色，像是經過了幾個人在不同時期的陳述，但又沒有章節順序的「即興作品」。

「由你來完成它！」這是教授跟我最後的對話。

經歷了近十三年的深刻體悟後，我感謝和讚嘆這本神祕手卷的啓發與帶領。

這本書完整解構了生命的由來與意義，從誕生的目的到重整生命能量，回歸原始本我，都有相當精闢的陳述。更重要的是它點出了所有宗教裡都沒有說明白的部份：**回歸原始本我必須從破解性能量開始**！

生命的課題就是愛，不管透過任何形式和任何事件，愛才是生命的重點，也是**靈魂爲體驗本我爲何物所設計的“華麗冒險”**的唯一目的。

愛是任何人都想擁有卻也不斷在嘗試修正的“古老議題”。但在找到愛爲何物之前，我們先要面對的卻是性能量。

性能量是生命的根本能量，我們即是透過性能量而來，透過它開啓了生命，同時讓我們有足夠的動力去體驗和創造這個世界。它極具威力，每分每秒都觸動著我們，直到找出如何運用它來成就生命中的圓滿爲止。

我們不得不承認，在愛尚未滿全之前，腦子裡常想到的是色情，甚至想透過性得到放鬆與慰藉。

但這個極具威力的性能量，不會這麼快就放過我們。若沒有透過它讓生命得到完整性的滿足，我們便會陷入情慾的無底洞裡不停損耗，享受了肉體激情與感官刺激，卻擁抱了更大的空虛與寂寞。

完整性的滿足是身心靈一體性的滿足，它才是王道。

可惜我們對性能量一知半解，沒有任何經典和任何人可以告訴我們如何運用性能量來提昇生命的方法。我們不是一昧的只想從性能量裡得到刺激與慰藉，而讓腦子隨時釋放慾望的波動，就是一昧的壓抑它，而苦悶的生活著。

錯誤的面對性能量，正是造成這個世界衝突對立的原因。

因為我們面對的第一個能量即是具有強大威力的性能量，它是一切的根本，沒有正確的疏導與運用，會影響每個人的情緒與健康，造成錯誤的判斷與態度，給予這個世界負面的投射。

透過性能量讓我們來到了愛的境地，愛是我們最終的目的與唯一的方向。但若沒有好好的處理性能量，它將會造成生命的拉扯，讓我們遠離了愛。

企業人士因為沒有處理好自己的性能量，變得更貪婪和製造更大的惡性競爭，他不會讓這個世界處在一個良善均富的狀態裡。

政治人物因為沒有處理好自己的性能量，變得更專制和製造更大的衝突對立，他不會使這個世界處在一個自由和諧的狀態裡。

我們都渴望愛，愛人與被愛是最終的需要。

愛凌駕一切，誰都無法脫離愛的滋養與愛給予的力量。死後所有的東西都帶不走，如何成全眞實生命的愛，就看我們活著時，能彰顯多少？這才是眞正的成就，也是唯一可以帶走的禮物。

CONTENTS

性是全世界最強大的一股能量
它是造物主給予人類解脫生死的禮物
只有徹底理解它
才不會成爲一種褻瀆

Chapter 1
透徹性愛

THE BLACK
DESIRE SCRIPTURE

性是全世界最具吸引力的能量，也是一切生命的開端。

我們透過性愛誕生到這個世界來，但對性愛卻一知半解，不是過於放縱的使用它，就是屈於傳統道德的規範壓抑它。

我們必須承認，性愛對我們充滿了強大的吸引力。

一個好看的臉孔和姣好的身材，總是吸引著我們的目光，讓人內心泛起漣漪。

販賣保險套的廠商，透過多年市場行銷的問卷調查，得出一個結論：許多曠男怨女，他們腦子隨時都會散發出色情頻率，準備跟一個對象發生關係。

接受問卷調查的受訪者遍及世界各地，百分之九十以上都是適婚但未有對象的人。他們承認，每天為生活再忙碌再辛苦，夜深人靜最需要的就是一個溫暖的擁抱與愛的慰藉。而在對象還沒有出現之前，會想透過性來得到短暫的滿足。

另外百分之十是已婚或已經有對象的人，他們承認還是會像單身一樣，偶爾腦子也會出現色情畫面，只是他們會想，卻不太敢付諸行動，但如果真有機會，有可能會發生偷吃的行為。

從這個調查不難發現，可以讓全世界的人都認同且不會有任何異議的選項，大概就只有性愛。

性愛是一種天性，是造物主給人們“隨手可得”的“禮物”，所以無法壓抑也“消滅”不了！但因爲**是禮物就不可以輕忽讓它變得廉價！**

不管人們在世所追逐的東西是什麼，最根本、最大的需求就是愛。

透過愛，我們被需要，被理解，而有更大的動力來面對一切的挑戰；透過愛，我們被撫慰，被滿足，而有更多的能量來實踐自己的理想與計畫。

愛是一切的根源，我們因愛而生，如果沒有愛，一切都將形同枯槁沒有意義。

而性是愛的起動器，透過性將愛的深度完整表現出來，

並讓彼此在愛的能量裡交會，共振出生生不息的力量與正面訊息。所以古人明白的透過字義來傳達，性愛性愛，愛透過性來表達和開展，而性的背後必須要有愛來做基礎。

西方人則把性愛用make love這兩個字眼來表示，代表愛是要不斷製造和不斷練習，同時也需要被營造和創造感覺的。

性和愛是不可分割的一體兩面，性是傳達愛和表達愛的工具，關鍵在於用對態度和方式了嗎？

修行者的禁慾

在傳統道德規範與部份修行者的眼光裡，性是一個不好且會浪費能量的行爲，可以談愛但不能講性。性會讓人墮落且萎靡不振，不是一個可以公開討論和光明正大面對的主題。

先不論這個角度對不對，但是抹煞了性是一個自然能量的存在。

會有這樣的看法，是依照人類七個能量體（七輪）的說法而來。代表性能量的根輪位處所有業力的集中區，它集結了衆生的業力與負性能量。因此，常常進行性行爲的人，他會不斷沾染根輪的業力，讓自己的能量損耗，常流失精氣，

會遭致疾病與壞運。

從博大精深的中醫學角度來看，生命能量與信息均存在於精氣之中，精氣過度透支，會造成生命能量的流失，讓人老化衰敗萎靡不振，同時降低免疫力而產生各種病變。

事實上這是一體兩面的說法。

性是自然所提供的一個管道，這個能量是存在且具有威力的。你不去轉化它或正確使用它，能量就會到處亂竄形成災難。不會因爲壓抑它，就不存在或消失，反而能量的堵塞會引起更大的衝突而造成情緒和精神上的問題。

現代人透過網際網路形成了無國界的資訊交流，每個人每天受到大量的資訊刺激，加上網路色情影片隨手可得，已讓身心處於極度的浮動狀態，若不正視這問題且正確疏通性能量，光是壓抑將會造成更大的身心衝突與反效果。

性能量是流動的，它自然到達該去的地方，而它以愛做基礎，讓兩個人進入很深的融合後，達到超意識的境界，爲靈魂超越肉體來做準備。

所以在修行上想進入更高層次，性反而是一個必須面對的課題，要知道它存在的意義及如何使用它。我們正是透過性愛才誕生出來，光是壓抑或禁止，就等於否定了自己和生命。捨去它，等於進入了空談和空想，逃避問題的修行是不可能成功的。

在古老吠陀經的七輪引述中，即明白告知世人，代表性能量的根輪，是人類返回源頭的第一個關鍵。唯有清楚如何透過性愛結合的方式，才有可能打破強大業力的問題，靈魂才可能脫離肉體的制約，朝恢復本來面目的道路前進。

只是對性的不了解和恐懼，就採取壓制和逃避這已存在卻不可能消失的能量，等於是爲自己創造另一個更大的衝突"戰場"。

男生的精子隨時不斷地製造著，大約24~36個小時後就可以充滿整個精囊，直到器官退化或損壞，否則性能量永遠活躍振動著。

女生在月經來臨前幾天，女性荷爾蒙分泌得特別旺盛，性慾高漲，全身變得很敏感。除非到了更年期後女性荷爾蒙開始減少，否則性能量會在每個月的特定期間，特別強烈。

這是一個自然發生的生理現象，任誰都無法抹煞它存在的事實。所以正確的做法是理解它存在的意義，而不是用壓制的方式。因爲不讓能量疏通，它會自己找出口，而這個出口大都是以情緒或暴力言行的方式呈現，甚至有時還會扭曲的做出不可思議的傷害來。

佛教界有一位知名的出家大師，水電工人從他房間堵塞的水管中，挖出一堆保險套。

密宗大師用“灌頂”名義，與不同女信徒行房，最後鬧到信徒的婚姻破裂，發生夫妻互相傷害的悲劇。

和尚與女尼發生不倫之戀，生下一子後姦情曝光。

神父進同志酒吧狂歡，白天傳教夜晚放浪形骸。

教宗性侵小男童，震驚全世界引起輿論撻閥。

這些已經是大家心知肚明卻不願公開討論和面對的宗教醜聞。

在此並不討論事件的對錯或做任何指責，它只是在陳述一個事實：性能量是強大的能量，必須被深度的了解和重視，任何壓抑只會遭致更嚴重的扭曲。

另一方面，有人主張從性行爲當中得到解放與快感。

其實性愛跟睡眠一樣的重要，它需要品質。如果沒有品質，那不是性愛，只是發洩能量的性行爲，不能爲生命帶來和諧與寧靜。

平常的性行爲，或許可以讓你短暫忘掉喋喋不休的頭腦和現實生活中的枯燥，但它缺少了品質，只是讓能量不斷損耗，完事後身體更加的勞累和空虛，無助於生命的提升與整合。

從中醫角度來看：精氣來自於骨髓，可以製造出精子和

精水（女性的精氣分泌物），它是不可以隨意耗損和濫用，因爲會傷到我們的健康與智力的發展。精氣又屬腎氣，腎氣就是能量的總儲備，也是免疫系統的總補給。如果經常外洩，人會失去完整的保護而得到各種疾病，包括因免疫力下降而產生的各種絕症。

人的腎氣精華過度喪失之後，腦力首先下降。科學家已經證實，精液跟腦脊髓液是相同的東西，過度損耗是讓人迅速老化的主因。

在人類當中，凡是對性有嚴格管理的民族，其智商都很高。全世界智商最高的民族就是猶太人，其中以德系猶太人最爲優秀。

德系猶太人有非常嚴格的性管理，平均智商都在一百二十以上，而且有非常多的研發創造力，也是影響整個世界經濟非常重要的代表。對照性開放的西方國家，過度的精氣流洩，提早老化是有目共睹的結果，各種慢性疾病和癌症也是發生率最高的地區。

根據美國臨床腫瘤醫學會ASCO的研究報告，美國近年來腦中風、糖尿病、高血壓、老年癡呆症罹患人口已經有愈來愈多的趨勢，因爲飲食和生活習慣問題而產生的大腸癌和直腸癌，也躍居疾病之冠。

再看看美國NASA這個組織。美國航空航天局要求所有科學家的性生活都要嚴謹，不能經常洩精。因爲他們知道，

智商和創造力與這個精華（氣）有非常大的關係。精華喪失，智商會跟著下降，各式各樣的病都會出現。

美國約翰霍普金斯大學最新的一項研究報告顯示，透過口交感染人類乳突狀病毒，會增加罹患口咽癌的風險，機率比抽菸和喝酒的人還要高。

罹患口咽癌的主要因素除了喝酒和抽菸外，現在還多了一項「口交」。這是因爲人類乳突狀病毒通常存於人體唾液、精液和尿液裡，經由口交傳染到咽喉，導致口咽癌。

約翰霍普金斯大學的研究針對100名口腔癌患者，以及200名健康男女採集血液和唾液分析，發現經口部感染此病毒的患者，罹患口咽癌的風險較常人高出32倍。

瑞典馬爾默大學牙醫系的研究也表示，由人類乳突狀病毒而感染的罕見口咽癌，會侵害到人體的軟組織，和一般的口腔癌相比，病情要嚴重得多。研究數據也顯示，感染人類乳突狀病毒是咽喉癌最大的風險因子，致病率高於抽菸或喝酒的人。

美國專家也承認，美國境內藉由口腔感染口咽癌的病例一直持續增加，原因和近年來性觀念開放和性行爲多樣化有關。

若從源頭角度來看，能量本身是中性，用在性行爲上就

變成是性能量，當它被使用在“心”時，就轉化成愛的能量，端看它被引導到哪個方向。

能引導到愛的性行爲是能量展現的最高表現，也是協助靈魂解脫肉體制約的重要關鍵。它才會變成是禮物，更是巨大蛻變的力量。

只想從性刺激得到感官滿足的人，會讓自己陷入龐大的窘境，因爲把性能量過度使用在性行爲上，會造成更大的慾望產生，它像無底洞一樣沒有滿足的底線。爲了填補性慾這個無底洞，所有光怪陸離的感官刺激被創造出來，用藥、雜交、SM等扭曲性行爲也接踵發生。

只有將性能量導向於愛，才會讓愛不斷地增長壯大，直到明白生命眞相與回歸源頭爲止。

愛的存在可以使人不再對性產生過度的需求，在愛裡交融得到更深入的身心滿足。相對的，一個極度缺乏愛的人，才會對性的需求很大。

其實，只透過感官刺激是不可能讓我們得到眞正的滿足，更何況過度的能量損耗，是造成身體產生病變的主要因素，我們怎能不深入理解性能量呢？

婚外情證實雙方的愛有缺陷

婚外情和婚外性行爲，證實雙方的愛有缺陷。

當初的海誓山盟變成是今日的笑話，昨日的溫存與愛意變成是今日的枷鎖與怨恨。究其原因只有下列兩點：

1、性的不協調

2、靈的不滿足

在性事上面，我們不談性技巧問題。會產生不協調，在於透過性行爲卻無法得到全身性滿足。全身性滿足是邁向更高的愛必然經歷的體驗，除非這個性行爲沒有愛，只是把能量丟出去，獲得一個短暫的平靜而已。

而以完美性愛的標準來看，對性躁進和全身愛撫不足，是讓性不協調的原因。

人的全身上下處處都是性感帶，性器官只佔了非常微小的部份。要從性行爲獲得充分的滿足，愛撫身體的每一個部位，絕對是必要也是非常重要的關鍵。

愛撫是透過愛來撫摸身上的每個部位，這是有沒有愛的深度表現，也是區別愛和慾望的不同。更重要的是在本書最末章節裡，它將是引動七個輪位得到淨化的重要方式。

就是因爲全身得不到愛（撫）的滿足，曾經是相愛的兩個人就開始向外尋找可能給予愛的對象。

這個部分非常値得已進入婚姻生活的男女省思。

如同上述所言，性是愛的起動器，是將愛深度表達出來的一種方式。換句話說，如果透過性行爲，卻沒有將愛的能量展現出來，只是發洩情慾的做法，沒有深度，更無法讓雙方從性行爲中得到眞正的好處。

光是爲了情慾發洩不需要結婚，會想要在一起一輩子，就是希望透過彼此圓滿雙方的生命，那是一種身心靈的整合與滿足。

靈修大師奧修曾說：如果夫妻的做愛不是因爲愛，而是其他的物質因素，那麼這是娼妓的行爲。果眞如此，我們又何必讓婚姻套牢自己？因爲滿足情慾的對象可以有很多的選擇，不是嗎？

選擇了婚姻，就選擇了走上神聖圓滿的道路，它在承諾和負起責任。

將性愛發揮到最高極致，是兩個人在愛裡被祝福的象徵。它可以讓承諾成眞，並有更大的能量扛起責任和面對問題。

因此，男人不可以粗暴的只想插入女人的身體射精。要呵護女人身體的每一寸肌膚，挑起她最大的感動來回饋自己，好讓自己也能進入其中獲得能量。

女人也要學習透過愛撫男人的身體，馴服躁動的個性，化成正面的能量，讓自己受到保護與面對物質世界的力量。

一般夫妻在做愛時，只是不斷刺激對方的情慾和挑起身體上的快感，有時更因爲工作繁忙，只想快點射精就休息，沒有全心全意感受兩個能量交融的機會，而是透過碰撞快感，將能量發洩出來。

當雙方頻率還沒有調到一致共鳴時，能量的交流是不可能發生。它就只是挑起雙方的情慾，然後把能量丟出去而已。久而久之，性愛成了例行公事，開始單調乏味，最後變

成可有可無，甚至進入無性生活，這時任何外來的刺激，都會讓這段婚姻發生變化。

一個完整的性愛，必須投入相當長的時間，透過彼此的愛撫，讓雙方的能量形成一個圓。長時間的愛撫會讓身心整個安靜下來，處在和諧的頻率中，得到深度的滿足。

這已經無關要不要射精的問題，在進入深度的愛撫中，超越了時間和空間，讓做愛變成是沒有次數限制的“玩樂”，並無限延長更深度的愛和品質。

如果夫妻的愛與日俱增，每一次都能深入交融和滿足雙方身心的需要，那麼婚外情是不可能發生，小三也無立足之地。因爲一個獲得身心滿足的個體，只會活在當下，得到面對自己和向內探索的力量，繼續朝自我合一的道路邁進，他不再需要任何刺激，任何刺激也不再吸引他的注意。

只有身心不滿足的個體，才會不斷地向外尋找，直到找到了可以滿足的對象和方法爲止。

現代社會認識人的管道非常多，男性女性都可能在尋愛的過程中，稍一不慎就陷入情慾的陷阱裡。我們想得到最大的滿足，努力讓自己變得更好更有能量，透過另一半的協助，將性能量推向愛的層次裡，是唯一能做的事。而長時間的全身愛撫，讓整個毛細孔張開呼吸，是執行性愛的重要步驟。

所以與其還在討論兩性平等及爭取女權的議題上努力，不如好好討論怎麼樣將性愛做好。因爲在根輪掌控的世界裡，處處充滿虛幻的假象，你不可能在虛幻假象中，找到答案或眞實得到愛。因此，透過正確的性愛來破解根輪的幻象，是非常實際又正確的方法。

愛只能被創造出來，愛是動詞不是名詞或形容詞，愛要用做的，不是靠言詞的爭論或立法制約。

當你開始學習如何讓對方得到最大的身心滿足時，你也已經爲自己開啓一條通往喜樂幸福的道路。

靈的滿足

這個部分是進入到更高的層次，也是性愛最後的目的。

性愛不只是為了傳宗接代和得到全身性的滿足，它更大的意義是來幫助靈體從肉體中超越解脫。

靈體不需要性行為，祂要的是愛的波動和能量，同時讓自己的陰陽整合與源頭合而為一。這也就說明了，只靠完美的性愛還是無法讓自己獲得全然的滿足，這個屬於內心深層——靈的部份，是最後的目標也是所有人都必須到達的境界。

有很多感情很好的夫妻，在性生活上也非常的協調，但

內心深處總是隱隱約約感覺到還少些什麼東西，那正是靈的滿足——身心靈徹底整合在一起。

“黑色慾經”正是要告訴大家，如何正確使用性愛能量，讓生命超脫慾望，進入到愛的領域裡，讓靈性昇華，還原本來面目。

現在你正在翻閱這本書了，感謝造物主和你內在的靈體，因爲精彩的生命眞相即將開始。

同性戀取向

同性戀是另一種愛情的選擇，它無關對錯，甚至還有更深一層的生命目的必須被了解。

許多宗教人士以同性戀是“罪”、“邪惡”、“墮落”爲名，極力排斥同性戀的存在。試想在以異性戀爲主流的傳統價值觀裡，誰願意成爲同性戀而受到社會乃至家人朋友的質疑眼光？

有些基督教徒對於同性戀者極端的排斥，他們認爲同性戀是被詛咒的罪，是冒犯造物主，不容於世界的行爲。這種說法讓耶穌所宣揚的博愛和以愛示人，有著非常大的衝突和矛盾。

事實上要異性戀者變成同性戀者，是不可能的事。同樣，要同性戀者變成異性戀者，也絕對不可能。

科學家試圖從基因的角度找出造成同性戀的原因，至今

仍然沒有明確的發現，因爲異性戀者和同性戀者的基因根本就沒有差別。倒是在1973年，美國精神醫療協會（APA）正式把「同性戀」從DSM（精神疾病診斷準則手冊）中刪除，也就是說「同性戀」已經不再被認爲是一種需要治療的「疾病」。

1990年5月17日，世界衛生組織（WHO）也將同性戀從精神疾病中除名，正式承認同性戀的存在與異性戀無異。

其實同性戀只是性取向的不同，都是一種“我”存在的象徵，生命的價值是不能用性取向或性別來定義。

有些同性戀者，因屈服於傳統異性戀的威權而走進婚姻，同時以批判同性戀來掩飾自己是同性戀的事實，反而爲自己和家人製造了更大的衝突與問題。

聞名全球的大馬同志牧師歐陽文風，在對神學更細緻的研究以及經歷自我認同的過程後，他直接點出一般人對同性戀的六大誤解：

1. 同性戀只不過是性取向的一種。
2. 聖經沒有反對同性戀。
3. 是不是同志無法從能不能與異性行房得知。異性戀者怎麼知道自己是異性戀，同性戀者就怎麼知道自己是同性戀。
4. 對同性戀施予性向治療無效，如同對異性戀者施予性向療程一樣。
5. 是同性戀就是同性戀，不會有異性戀者突然變成同性戀者。
6. 同志圈沒有扮男扮女的角色之分，就只是喜歡同性而已。

可惜的是，一直到今天，距離同性戀被除病化的三十年後，我們對待同性戀的態度仍然沒有多大進步，依然有著非主流或性錯亂的偏執想法。

基督徒常引用聖經的片段文字，來解釋同性戀不符合教義。其中以生育問題和小孩教養問題最具爭議性。他們認爲同性戀無法傳宗接代，就不符合上帝的旨意。

從現今的眞實狀況來看，很多結婚後才發現不孕的夫妻，是否因爲無法生育就不能結婚而必須離婚？

科學家已經證實，目前全世界的人口已經超出地球可以負荷的數量，再過幾年恐怕發生糧食與資源不足的迫切問題，間接說明結婚若是爲了生育的理由，已經不符合時代需求，在還沒有解決糧食和資源不足的問題前，恐怕生育還會爲地球增加更多的負擔。

另外，現今青少年的問題層出不窮，一男一女的婚姻關係已經無法被證明對於教育下一代有其相關性的全面價值，反而因爲夫妻兩人的感情問題，嚴重影響下一代的身心與未來。

走入婚姻和成立家庭的目的在於學習承諾和負責任。透過對彼此的承諾和負起責任，將兩個人的身心帶往愛的境地，滿足自己的靈性需求，也成就對方自我合一的需要。所以性別不是重點，外在不是關鍵，兩個人願不願意爲彼此負起承諾和責任才是指標，因爲最終的目的和最大的滿足在於靈體的成全，而不是百年後會消失毀壞的肉體。

可惜現代的宗教還是迷失在性別和外在的討論與比較，信徒們沒有從信仰中得到超越與解脫，反而落入舊有威權的制約，錯失深度理解教主們要啓示的精髓與眞相。

如果還用舊思維來傳達教義，以爲可以讓更多人受益，這將是最大的誤解與衝突。因爲愛是一切，所有教義的出發點是愛，最後的目的也只是愛，在個人還沒有先學會愛自己，融入愛或感受愛是什麼之前，我們都沒有資格透過教義來宣教，充其量只是個人的彰顯和自我優越感的表現。

從源頭的角度來看，能量本身是中性，沒有男女之別。靈體藉著這個中性能量產生陰陽的不同，都是爲了一場華麗冒險的體驗而變化（後面章節會有非常清楚地說明）。

所以不是同性戀、異性戀的問題，是愛有沒有被彰顯的問題。如果以愛爲前提的關係，不管是同性戀或異性戀，都受到造物主的祝福。

靈體在輪迴轉世的過程中，都有幻化不同性別的經歷。中國易經指出：萬事萬物皆陰中有陽，陽中有陰。現代醫學也證實，男性體內有女性荷爾蒙，女性體內也有男性荷爾蒙，只是彰顯於外的形體是男是女而已。

當靈體經歷陰陽不同狀態後，最後會與自己合而爲一，也就是將自己內在陰陽兩股力量整合在一起。這是爲了回歸源頭所做的準備。

若說同性戀被人詬病的地方，唯一的爭議之處就是放縱情慾和對伴侶不忠貞。這一點在屬世和屬靈上，同樣站不住腳，沒有爭論的餘地。

同性戀者因爲沒有法律上的婚姻制約，往往關係建立都是以情慾爲出發點。當然這證實了上述所言，愈缺乏愛的人愈需要更多的性來滿足；而想要透過性來滿足的人，又會陷入更大的性需求，造成需要不同的性對象來達成不同的性刺激。

同性戀婚姻是否應該合法化？近來已成爲國際間重要的討論議題。事實上同性戀者的縱慾行爲，跟不被認同且無法共同組成家庭的因素有關。因爲他們無法得到普世價值的認同，間接就無法接納自己，但又對愛迫切渴望，只好透過性來滿足，取得生理和心理的平衡。

如果社會可以學習尊重同性戀者的存在，同時同性戀者也能像異性戀一樣，光明正大的談戀愛和組成家庭，同性戀者就不再無根漂泊、流連失所，進而眞正開始接納自己，讓身心靈有所寄託，就能減少不恰當的性行爲和產生後續的相關問題了。

同性戀者也必須深度理解，這一生身爲同性戀者的意義和目的是什麼？否則跟異性戀者一樣，沉淪在慾海中，喪失了靈體最佳的提昇機會，爭取社會認同又有何意義？

現在開始要進入本書的重點了。

首先我們從生命的眞相開始談起，唯有透過對生命的眞實了解，在末章教導如何正確使用性愛能量時，才可能獲得身心靈的圓滿與喜樂。

爲了自己的幸福

請放下所有的舊思維

調整好情緒

開始一步一步研讀吧

Chapter 2
思言行是展現力量的步驟

THE BLACK
DESIRE SCRIPTURE

成就物質結果的兩大重要關鍵——作用力和反作用力

展現力量來成就物質結果，是每個人一生當中不斷嘗試的事。但我們對這個力量來自何處？它該怎麼運用？卻一無所知。

從物理學的角度來看，這個世界有兩種力量在互相抗衡，這兩股力量正是**作用力和反作用力**。而所謂的物質結果，就是由作用力和反作用力相互影響產生的變化。

簡單地說，當你想要達成什麼樣的結果（作用力），就會有一個不想讓你達到的力量（反作用力）產生，重點是**這兩股力量是同時存在，而不是先後來到**。它們在當下同步發生作用，按照彼此力量的大小，創造出不同的結果。

比如我想賺一百萬，當下就有一個不讓我賺到一百萬的力量產生。因爲我賺到了一百萬，就代表當下有人要失去一百萬。

一個賺到和一個失去，這兩股力量必須同步發生，只要一個不成立，另一個也無法成立。

從另外一個角度來說，我要賺一百萬，結果只賺到八十萬，代表作用力沒有完全彰顯，只能達到八十萬的結果，尙缺的二十萬，正是不讓我賺到一百萬的反作用力。

但有一件事情值得注意：那就是**不管作用力和反作用的大小爲何，其最後的總合是一樣多**。

接下來用更白話的方式，來解釋成就物質結果的兩大關鍵“作用力和反作用力”，並且完全明白物質世界是如何透過這兩大力量來產生運作。

當有一個人需要借錢，就代表必須有一個人借錢給他。一個借一個給，正是作用力和反作用力同時發生了作用。

你可以說借到錢的人是「賺到」了錢（作用力），而借錢的人是「失去」了錢（反作用力）。

之後借錢的人，再把錢還給當初借他的人，還錢的人變成是另一種「失去」錢（反作用力），而收到錢的人也變成是另一種「賺到」錢（作用力）。先前借錢給人的人從反作用力（失去）變成了作用力（得到），而借錢的人也從作用力（得到）變成了反作用力（失去）。

另外借錢的人在先前得到的同時，其實也“成就了失去”。

因爲借錢可能有幾種目的：還債，需要吃飯過日子，或者是生意上的資金週轉等等。但無論是哪一種，借錢的人在得到的同時，也正準備要失去。

借錢給人的人，他在失去的同時，也同步成就了得到。得到了對方的感謝和友誼，也可能得到了不錯的利息。

錢財是如此，愛情是如此，企業管理、政治、教育等一切物質界的結果，都是在作用力和反作用力不斷交替下形成。

當作用力和反作用力是在一個相互流動的狀態下運作，這個運作就是一種圓滿。

相對的，如果作用力和反作用力無法形成圓滿的運作時，所有的關係就會變得衝突和對立，一切的問題也會開始接踵而來。

思言行是展現力量的步驟

物質結果的形成是由作用力和反作用力交互運作而成，但**形成這個結果的原因正是來自於思、言、行這三個步驟**。也就是說思、言、行是形成作用力和反作用力大小比例的關鍵。

從我們目前的生活現況來看，無論你有意識還是無意識，都是透過思、言、行來形成結果。所以**徹底觀照自己的思、言、行狀態，就可以明白為什麼會吸引這樣的人事物到自己的生命來**。

思、言、行是展現力量的步驟

透過內心先有想法（思），才產生表達想法的言語

（言），接著身體得到了思和言的指令，自然去執行目標（行）。三種缺少了其中一種就無法具體呈現出我們想要的結果。

所以想要成就任何事物的結果，只要清楚有力的展現思、言、行這三個步驟，就一定會實現。

除非這三個步驟出現了「漏洞」！

其實所謂的「漏洞」，是這三個步驟的力道不夠。原因就在還有其他的疑慮，更深入的說法就是「恐懼」。恐懼是物質世界裡最強大的反作用力，它是強烈干擾思、言、行無法三位一體，並將結果創造出來的關鍵。

當一開始的「思」流露出所欲時，如果肉體的五官意識不相信或不重視，很自然的「言」就不會肯定內心的想法而說出有力的話，「行」也就不會有力去執行，當然形成不出結果。

個人當下的生活現況，全部跟自己的思、言、行有關。你只要分析自己的思、言、行哪裡出了差錯，絕對可以明白爲什麼無法成就的原因。

所有我們看到、聽到、感受到的任何現象，都是在思、言、行達成一致共鳴後所引發出來的，這中間只要一個步驟不成立，結果就會跟著起變化。

比如光有行而沒有思和言，縱使這個物件被執行出來，但因爲缺乏思和言的共鳴，讓這個物件缺乏生命力，無法受到應有的注意和產生該有的價値，這與沒做沒什麼兩樣。

我們常看到觀光區有很多小販在賣一些手工飾品，雖然便宜卻得不到觀光客的青睞。原因是小販只爲了賺錢而盲目製作，並不是爲彰顯內在所欲的藝術價値，結果生產出一些沒有生命力的商品，當然就乏人問津無法受到重視。

更深入地說，販賣者在製造這些小飾品時，並沒有好好思考它該被創造出什麼樣的價値？它可以吸引他人的地方是什麼？甚至說它可以影響他人的是什麼？沒有深度“思”和“言”的執行結果，讓這些飾品猶如路邊不起眼的石頭一樣，無法散發該有的光芒。

另外，光有思、言卻缺少了行，那麼結果還是無法產

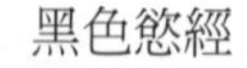

生，因爲它缺少了執行力。

所謂「光說不練」指的就是這樣的人。很有想法也很會說，但卻沒有任何的行動力和執行力。

不過追根究柢，這種人在思想上就是有了上述所說的「漏洞」，而這漏洞就是恐懼。依照思、言、行的規則來說，如果想法明確堅定，也透過嘴巴有力宣達，照道理行動力就會產生。但講得頭頭是道卻毫無動力去執行，就代表思想上其實還有恐懼。

恐懼是一種強大的反作用力，它會讓你所害怕、擔心、憂慮的事情成眞。你愈恐懼什麼，它就愈存在；你愈想要逃避，它就愈出現在你面前！

你唯一能做的就是面對它！只要你還有任何害怕、擔憂、想逃避的念頭，就是加重對它的恐懼並一再給予能量。

清楚檢視你的思、言、行在哪個環節上出現問題，是找出答案的唯一方法。

在思、言、行的法則裡，思一定是優先出現的部份，接著才成立了言和行。從某個角度而言，思如同是老大，而言是老二，行就是老三。

老大永遠是最重要的關鍵，先要有老大來發展一個明確的思想後，言才能透過清楚的思想來宣告及表達，接著行就能清楚方向所在而去執行。

所以思也可以說是一種信仰，你確定相信了什麼，就決定言和行的發展程序。

可是人們常常將次序搞錯，在尚未思考清楚方向和目標時，就開始不清不楚的做，到頭來還是一場空。

可以展現結果的是深度而不是速度，深度需要時間的累積，透過事件徹底修正思想上會造成達不到結果的錯誤所在，而呈現出來的狀態才會是穩定的，甚至結果還會超乎你的想像和預期。

雖然速度有時會創造出一時的「奇蹟」，但卻經不起時間的考驗，隨時會有崩塌的可能。

講求速度的人常常未經深度的思考，就去執行一個似是而非的結果，正常的程序是在還沒有想清楚和規劃清楚時，寧願按兵不動。

所以眞正的思，不僅是你思考或者是明訂一個自己假想出來的目標，而是**發自內心堅定不移的信念**。

許多公司的主管常會訂出每位業務員必須達成的年度目標，業務員再針對年度目標來設定每個月要達成的業績額度。但往往這種作法若沒有透過深度的思考和相信，最後只會導致更大的衝突和得到挫敗的結果。

心理學家發現人類的潛意識是一個強大的精準接收器，它分分秒秒都在運作著。任何不管好壞的想法，通通都會被它裝置在裡面，然後透過吸引力法則形成結果。

當設定目標不是透過深度思考後而相信的行爲，對於目標設定就會產生恐懼和壓力，這恐懼和壓力會被潛意識接收。潛意識一接收到，就引導你走向“你眞正的想法”，而成就出與目標設定不同的結果。

所以哪怕表面上你是接受了這個目標設定，但潛意識只會接收你內心眞正的想法，也就是思所發出來的念頭（波動）。

思可以說是一種信仰，一種發自內心堅定不移的信念，也是潛意識裡眞正的想法。

當你已經擁有一樣東西時，你是不會再發出想擁有它的意念，只**有缺乏而想要擁有它時，才會宣告想要擁有這個東西**。

因此，當你在制定業績目標時，是在制定一個尙未達到的業績目標，所以潛意識輸入的意念正是你「目前尙未達到這個業績目標」，而不是「以後會達到這個業績目標」。

潛意識沒有時間和空間的概念，強調**何時**要達成目標，只會被它詮釋成**目前尚未**達到目標。只有告訴自己現在就是，當下就是，也就是告訴自己：**我「現在」已經達到，我「現在」就是這個狀態，才會對潛意識起作用**。

如何做到我是，我現在已經達成，我現在就是這個狀態？

事實上若沒有對生命源頭有充分的瞭解，要思、言、行完美的達成一致共鳴，是完全不可能的。

這正是思、言、行的詭譎之處，也是它們讓潛意識相信什麼和吸引什麼到來的重要關鍵。

像有些傳銷業或壽險業，常常教育業務員將所要達成的業績圖像化，然後貼在可以看到的任何地方激勵自己。

比如你希望月底前，可以賺足買部轎車的錢。那麼你就將轎車的圖片，貼在隨處可見的地方，然後不斷地告訴自己，我一定可以達到業績，一定可以買到這部轎車。

但事實上，目前你根本還沒有這部轎車，所以你再怎麼催眠自己，潛意識輸入進去是目前還沒有這部轎車，那麼也就不可能透過潛意識來協助你達成業績買轎車了。

這也說明爲什麼很多參加潛意識激發課程的學員，上課時都非常的興奮激情，可是不到一個禮拜後，就充滿了無助的挫敗感。

潛意識根本就不能激發，被激發之後後患無窮。你想一想，當一再強力的告訴自己我要達成目標，結果卻一直達不到，這種強烈的衝突和矛盾足夠把一個人毀了。

這也是爲什麼搞到最後，很多人會情緒失控變得自大驕傲，其實這只是爲了掩飾自己的挫敗感與不安罷了。

錯誤的思考模式，不可能獲得正確的言行，沒有正確的言行，怎麼會得出正確的結果呢？

一定要在思想上先說服自己，然後才可能擁有強力的言語宣達，自然就會產生行動力，將所要的結果執行出來。

所以關鍵不在於設定了多少業績目標，而是眞正相信已經達成目標。你不用辛苦的告訴潛意識你要買車，你只要相信你已經有車了。

再進一步深入探討。

許多人或許會有疑問，如果思想上已經完全認同和相信，難道設定目標鞭策自己快速達成不行嗎？

如果你是眞的在思想上完全的認同和信任，設定目標和要求效率當然不是問題。

但是當思、言、行達成一致共鳴時，整個狀態是自然而然的發生，它沒有速度的問題，一切水到渠成，自然而然的形成結果。

然而講求速度和效率，事實上已經落入時間和空間的圈套。因爲潛意識根本就沒有時間和空間的概念，它就“是”或“不是”、“好”或“不好”、“要”或“不要”等非常直接鮮明的指令。所以爲什麼要快？快的意義和目的在哪裡？如果說它是自然而然的產生，爲什麼非快不可？到底在急什麼？更深入的說法應該是在「恐懼」什麼？

舉個簡單的比喻：嬰兒長大需要時間，不可能不經過歲月的累積，一下子就可以長大成人。而歲月的累積就是一種自然，也是一種深度。

當透過一段時間長成大人後的嬰兒，長大就是一個事實，而這個事實不會突然消失，讓身體突然變回嬰兒的樣子。這就是自然而然的道理，也是運用潛意識法則非常重要的概念。

然而嬰兒爲什麼突然間要開始追求快速的成長了？是恐懼中途會發生意外而來不及長大？還是希望趕快長大看看這個世界？急著長大反而是一個說不通的道理。

因此，追求速度的人，如同掉進這個迷思當中，其實背後隱藏了一個很大的恐懼，只是自己沒有深入發現罷了。

按照思、言、行的法則來說，一個不清不楚的念頭或者帶有恐懼成分的思想，最後創造出來的結果也會不清不楚或得到所恐懼的結果。

另外，追求速度的人，其計畫總是粗糙的，只要碰到別人反對或者與現況不符，就隨意改變初衷而不是做深度的修正，造成計畫變來變去，最後還是一事無成。

感情流露的狀態是影響潛意識的重要主角

在了解到物質結果是由作用力和反作用力交互形成，而思、言、行是影響這兩股力量大小的關鍵。接下來我們就會問，思、言、行該如何達成一致共鳴，讓我們要形成的結果可以如期實現？

我們已經知道，作用力和反作用力是同時存在。當你想要達成一個結果，就會有一股不想讓你達成的力量產生；相對地如果我們不想要這個結果，就會有一股讓我們不想要的結果一直存在的力量在做抗衡。

在這樣對立的存在中，我們發現物質世界似乎是令人無法自在開心的世界，因爲它總是跟我們的想法背道而馳，而且永遠處在求不到、得不到的衝突裡。

但從另一個角度來看，如果你**目前是處於失敗或者是失去的狀態，它同時也代表成功和擁有已經如影隨形的在旁邊了**。因爲作用力和反作用力是同時出現而不是先後來到，所以**遇到了問題，相對的解答也同步出現**。

但問題是爲什麼我們總處在不圓滿的結果中，沒有辦法改變和掙脫已然存在的痛苦呢？

答案正是你的注意力所在，即是你的結果所在，而注意力的感情狀態正是你爲什麼會成就和經歷這件事情的原因。這也是上一節所提到的思、言、行是構成物質結果的重要步驟，而思、言、行有沒有達成一致共鳴，正可以從感情流露的狀態看出來。

至此答案已經很清楚了。

是什麼力量讓作用力和反作用力不斷交互變化時，只讓某個結果呈現出來？那就是我們**每一個人的注意力**。

你將注意力放在作用力上，就產生出作用力的結果，而將注意力放在反作用力上，自然就形成了反作用力的結果。注意力是一個將能量集中在焦點上的方法，它可以讓結果產生變化，並且瞬間改變物質的運行軌道，它是思想和情緒結合的產物，透過感情流露，將所要的物質結果形成。

爲什麼你會經歷失敗和處於你不想要的環境或結果中？

答案正是你將自己的注意力和感情狀態放在負面的反作用力上。

作用力和反作用力是不斷交互運作的兩股力量，它受思、言、行的影響，呈現出大小的比例。但能夠雀屏中選呈現出哪一個力量，則要「歸功」於自己的注意力和感情狀態。

有些人花了很長的時間，一直努力想要改變現況，但結果仍然不甚理想。仔細推敲原因會發現，雖然一直努力想要改變，可是內心對於改變仍然處於質疑和恐懼，也就是用恐懼的感情狀態來改變現況。

表面上很認真的改變著，但注意力仍然放在反作用力上。所以任憑做了多少努力，結果仍然很誠實的呈現出內心所想。

換句話說，根本就不相信這個改變會帶來好處和產生正面結果。

恐懼只會讓所害怕的事物一再成真，它並不能帶來任何的正面結果。你愈恐懼什麼，它就愈存在。相同只會吸引相同，它不會帶來與之相反之物。唯有注意力堅定放在正面的感情狀態，那麼**什麼樣的感情狀態，就會創造出什麼樣的結果**。

所以結果的呈現，不在於到底做了多少，而是先相信了多少。從近代發展的量子物理學角度來看，可以證實以上的說法。

量子的定義爲「數量相同且**不連續**的電磁輻射」。近代的物理學家均認爲創造這個力量是非固態和非連續性的，也就是說我們的世界是在電磁輻射相互撞擊中瞬間發生。例如我們正在洗澡，以量子一詞來解釋，實際上洗澡是一連串發生的極快速事件，然後非常密切的組合在一起，就像電影是由一連串的靜態畫面組合而成一樣。這些連續事件，事實上是由極細的小光子創造而成，這個小光子就稱爲「量子」。

從量子的物理學角度來看，每件事物的本身，可以有許多不同的結果。想要改變結果，只要改變量子不同撞擊的形式。換句話說，改變不同量子的撞擊軌道，就可以創造出不同的結果。

這說明在整個宇宙的空間中，存在著許多「尚未被定位」的存在，**每個存在都等待著一個結果的形成**，而結果的形成正是透過量子互相撞擊產生爆炸而來。

不同量子的撞擊速度，形成了不同的爆炸方式，不同的爆炸方式則成就了不同的物質結果。「指揮」量子去形成不同撞擊方式的重要因素，正是在於思、言、行所要展現的感情狀態。

近代物理學家證實，從一個已發生的量子撞擊爆炸，到下一個新的爆炸形成，過程只需要二分鐘又四十秒。換句話說，每隔二**分四十秒就是一個改變命運的關鍵**。

持續的意念想法造成持續的相同爆炸，若要改變不同的爆炸方式，只要在下一次爆炸之前，修正自己的意念，並把

想要成就的感情狀態融入，那麼爆炸的方式將立即改變，當然其結果也就跟著改變了。

這個重大發現讓我們找到了一個方向，那就是**宇宙並沒有特定的答案，所有的答案都可以自己來創造**。同時這個發現也讓我們找到了可以改變命運的方法：每個人都可以掌握屬於自己的二分四十秒，讓每一次的爆炸，形成我們想要的結果。

因此**在一個小時裡，你可以有二十四次改變命運的機會**，重點在於將自己的注意力放在何處？是作用力還是反作用力？到底流露什麼樣的感情狀態？是正面還是負面？

所以當我們處在不利自己的局勢時，基本上我們是沒有權利再將注意力放在負面的情緒上，反而要更積極將注意力集中在所欲成就的正面目標裡，然後透過眞實渴望正向的感情流露，來修正每一次量子撞擊的軌跡。

接下來我們必須再深入討論，有關感情狀態是如何影響著每一個事件的結果。

每一次量子撞擊爆炸後，形成了一個結果，而這個結果的深度，就在於每個人的感情狀態。你的感情狀態是相信，很相信，還是非常的相信，就產生不同的爆炸深度，不同的爆炸深度形成不同的影響力。

一個在各方面都很卓越的成功人士，對於人生態度絕對充滿著堅定的信念。就是這樣的感情狀態，讓結果總按照他的想法成形。

但大部份人的感情狀態，總是落入壓抑、負面和不清不楚的氛圍，如此就無法形成正面的結果，讓自己處在不斷地悔恨和抱怨中。

量子透過注意力開始形成撞擊的軌跡，注意力就如同是一道指令，指揮量子撞擊的方式，而感情狀態的深淺，正決定量子撞擊的力道。這好比一位戲劇演員，在演出的角色中，可不可以引起觀衆的共鳴，關鍵正是演出時的感情流露。

感情流露的眞實，讓演員跟劇中的角色合爲一體，使觀衆相信這是一個眞實的人生，而不是一個戲劇演出。所以**感情流露眞不眞切**，就**讓**自己所欲產生的**結果，可不可以「逼眞」的呈現**。

許多人常常會把感情流露和情緒混爲一談，我們針對這個部份，再爲讀者解釋清楚。

情緒是所有感情力量的來源，但因爲缺乏思想上的定位，所以波動性很強，可以立即發生也可以立即改變。我們常講一個人情緒化，說的正是這個人的情緒波動太大，很容易受到外在的影響而起變化。

透過思想上的相信和肯定後，情緒有了定位和方向，這時候注意力便開始產生。

當注意力愈集中，則**感情流露就會愈真切**。**換句話說感情流露就是情緒被定位後的集中發生狀態**。

聖經說：「因信而得著吧！」以及佛教中：「一切唯心造！」和新時代裡的：「你相信什麼就會成就什麼！」都說明了感情流露真切後，物質結果就會按照內心所想，一步一步的實現和成就。

在各種宗教經典裡，常常提到如何透過祈禱，跟至高無上的源頭相應。信徒們也希望透過祈禱，讓自己的願望可以成就。然而**祈禱有沒有效果或應驗，其關鍵就在於感情流露的狀態**。

自古許多聖者們都非常清楚，**信仰中的許多儀式和經文，其實都只是一種工具，它們並沒有具備任何力量，是在感情流露後才產生效果**。西藏一些位在高山寺廟修行的僧侶們，他們也是同樣的強調：透過經文的唱誦，其實只是把內心深處的感情挖掘出來，透過眞實的感情流露來爲這個世界祈福。

在「與光對話」這本書中，有一段相當精彩的描述，更能傳神說明**感情狀態正是改變物質結果的重要關鍵，感情流露的深度才是祈禱的重心**。

「沙漠的烈日將水瓶內的一絲涼意吸走，整個大地就攤在酷熱乾燥的缺水天氣裡，動彈不得。

我喝了一口水，然後走向傑克。傑克正準備向天空之父、大地之母求雨。

我看著傑克神聖的解開自己的鞋子，然後光著腳沉穩的走向大醫輪。

他對著地上的每一顆石頭都充滿了敬意，然後閉著眼睛繞著大醫輪走著。

不一會兒，傑克對著我說：『一切都圓滿了！』我無法相信這樣的祈禱能夠產生什麼樣的驚人變化。但是在一個小時後，我對傑克佩服得五體投地。

我看著窗外的雨水，問傑克他是怎麼做到的？

傑克說：『在我的祈禱中，首先對天地萬物以及過往所發生的一切表達感激之意，因為這是大自然的法則，至今仍然運作不息。這一切無所謂好壞。**它一直以來就是醫治我們的藥**。

然後我開始選擇一種新的藥。我感覺到雨水開始落在我的身上，我體驗到腳趾已經濕潤了，我走在滿是泥濘的鄉間道路上，而雨水是如此的豐沛。』

祈禱就是**首先對自己想要呈現出來的結果產生感情**，並把自己想要選擇的經驗帶到物質世界來。我們的祈禱就是一種融入感情與讚美的禱告。」

一個堅定的感情狀態，能夠讓結果如實的產生，這正是人生中會經歷哪些事物的重要關鍵。

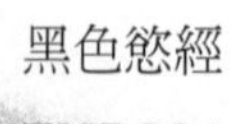

重點節錄

物質世界有兩股力量在交互變化著——作用力和反作用力。
作用力和反作用力形成了物質結果。
思、言、行影響作用力和反作用力的大小比例。
注意力所流露的情感狀態，是形成這個結果的重要關鍵。

我們學習到：正面思考！
想清楚了，相信了，再投入熱情去執行每一件事。

Chapter 3

回歸造物主
是解決一切問題的關鍵

THE BLACK
DESIRE SCRIPTURE

我們繼續更深入的探索：

是什麼因素讓我的感情狀態無法全然的正面流露？

我是誰？生命的目的是什麼？我從哪裡來？最後會回到哪裡去？

透過神祕手卷的啓示，我們找到了答案。

愛是唯一

不管你對愛的定義或想法是什麼，最終尋尋覓覓的就只是愛。

造物主用愛創造了人類，也可以說人類被創造出來是因爲愛。造物主是愛的源頭與一切愛的所在，離開了造物主就脫離了愛，也讓人類進入不圓滿的狀態。

這就是思、言、行無法全然正面的原因——離開了源頭，離開了造物主——進入相對。

因此，要永遠處於平安喜樂的氛圍裡，或說是“回憶”起本來的圓滿面目，認識造物主然後回歸造物主，便是首要的關鍵與唯一的途徑。

這個世界所有的問題全部歸咎於愛不滿全，因爲愛不滿全，讓我們無法擁有全然正面的感情狀態。

因愛不滿全，我們製造了所有的問題來“討愛”。

無論現在多汲汲營營於工作，夜深人靜需要的也只是一份愛。

無論現在位居多高的權位與擁有多少的財富，最後最想得到也只是愛。

透過神祕手卷的啓示，我們找到了答案，並且清楚地告訴我們，我們從哪裡來，最後應該回到哪裡去！

原始之初　造物主用愛創造了萬物

神子被賦予無限的創造力和自由選擇權

造物主不是宗教，祂超越了宗教，與人類是一種血濃於水不可分割的關係。

造物主不是信仰，祂超越了信仰，不管相不相信造物主，最初到最終祂一直運作著一切。

造物主用愛創造我們，也讓我們擁有**無限的**創造力。

換言之，人類是被造物主用愛創造出來，我們原始**生命的結構就是愛**。因這個愛我們被創造出來，同時享有一切的**創造力**。

我們還**擁有自由選擇權**，享有自由的揮灑空間，萬事自在喜樂，十足彰顯出造物主不可思量的愛。

“神子被賦予無限的創造能力和自由選擇權”這句話眞正印證了**“造物主用愛創造了萬物”**之精髓與偉大。

因爲是無限的愛，所以沒有佔有，給予完全的自由選擇權；因爲是無限的愛，所以沒有限制，只賦予我們完整的創造力。

這完整明白地指出人類是因爲愛被創造出來，沒有佔有，沒有控制，沒有侷限，而是強大的祝福和給予。

造物主要**祂的受造物像祂一樣完美**，同時還**賦予無限的創造力和自由選擇權**。

造物主把祂創造整個宇宙萬物的能力，也給予了祂的受造物，就因爲這個無限的創造力和自由選擇權，**受造物才宣告完美，因爲完美的造物主只會創造出完美**，沒有其他！

從上述的文字，我們明白了一個道理：我們跟造物主的關係密不可分，一切都離不開愛的法則，所有的變化和結果都跟祂有關。若有不圓滿的狀態發生，絕對是因爲我們離開了祂的法則，離開了愛。

「我們從哪裡來？」「怎麼會誕生到這個地球上？」這是所有人類的疑問，也是科學家們極力想探索的部份。

人的生命雖然有限，但在我們身體裡有一種化學物質，即使肉體死亡後也不會消失滅亡——那就是DNA（去氧核糖核酸）。科學家們透過DNA發現了生命的奧祕，它是一個人的生命藍圖，包括生下來後的五官外型、膚色、個性特質等通通「裝置」在DNA裡。

DNA如同是一個生命資料庫，透過這些資料形成一個人的特質和命運。

科學家研究發現，一個人的基因來自父母親的遺傳。也就是說一個人的DNA，一半來自於父親，一半來自於母親，父母親交叉遺傳給小孩的資料庫，形成了小孩的個體狀態。依此類推，父母親是遺傳自他們的父母親，他們的父母親又遺傳自他們的父母親，縱然祖先已經不在這個世界上了，卻可以透過DNA反覆複製給後代子孫。

生物科學家透過以上的說明，很清楚地告訴我們，一切生物的習性與思維都跟基因（DNA）複製有關。小孩受到父母親或好或壞的基因複製，形成了個人或好或壞的個性特質（以源頭的角度來看沒有所謂的好壞之分，所有的「壞」都只是一種"討愛"的求救訊號，也是一種靈魂選擇體驗的過程）。

同理得證，我們本質是全能造物主所造。造物主是愛，我們的本質就是愛。

造物主具有無限的能量，我們也具備了無限的能量，如同小孩來自父母親的複製一樣。

造物主用愛創造了我們，這個愛就是一切的答案，所有的問題都可以在愛裡被解決。而**愛造物主和重新「回憶」起與造物主之間的關係，是讓我們回到原始被創造之圓滿狀態的唯一方法**。

造物主是一切的完美，所以受造物也跟造物主一樣完美。

完美只會創造出完美，沒有任何對立的字眼可以用在造物主和受造物的身上。既然本質完美就沒有所謂的救贖或修行，因爲完美的受造物不需要被救贖，也不需要修行。我們的本質跟造物主相似，只有不完美的才需要被救贖和修行。

因此，除非創造我們的造物主本身有瑕疵，否則何必需要救贖和修行？！造物主又何必多此一舉創造出有問題的受造物，然後再來執行救贖計畫？

從另一個角度思考，造物主可以創造出運行不悖且超乎想像的宇宙系統，怎麼可能會創造出「蹩腳」的人類？

如果會創造出「蹩腳」的人類，那也是造物主的問題。因爲是造物主創造了不好、不善、不能、有限或不完美的特質，若這是眞的，那麼人類也只能自求多福了。

所以一個受造物所擁有的各項特質，全都是造物主所

造。完美的造物主，只會創造出完美的受造物，這就是事實，也是神祕手卷一開始就強調的眞相。

現在的不完美是怎麼回事？

但問題來了！

現今世界上各種問題正接踵發生，甚至危害到每個人的生命安全。

全球經濟失衡，造成失業人口與貧富懸殊日益擴大。光是金錢壓力就讓人喘不過氣來，一點都不像具足無限力量的受造物，更不用提什麼自由選擇權了！

到底是怎麼一回事？

萬能的造物主創造我們，卻讓我們深陷在一個完全不自由又隨時會爆發各種危機的環境裡？

眼前的窘境跟造物主用愛創造了我們，顯然有非常大的

矛盾與衝突。若眞的有愛，怎麼會讓我們的身心遭受各種傷害而痛苦不堪？若眞的萬能，怎麼不替我們解決當前的生活危機與各種災難的發生？

如果萬能的造物主不會創造出「蹩腳」的人類，爲什麼我們和造物主之間有這麼大的差異？

因錯誤的制約與選擇

神子被囚禁在無法永生的反作用力外衣裡動彈不得

所有的華麗冒險　只為深刻體悟造物主的真實狀態

唯還原　才能重返源頭

這一段神秘手卷正在告訴我們答案！

“因爲錯誤的制約與選擇，神子被囚禁在無法永生的反作用力外衣裡動彈不得”。

反作用力外衣指的正是肉體，肉體在死亡後即會腐化消失，如同神秘手卷所言無法永生。換句話說，我們的**本來面目不是現在這個肉體**，現在受限的人類是“神子”「穿」上反作用力外衣時的狀態。

這印證了東西方兩大經典教義所載，聖經：人原本屬“靈”不屬“物質”，佛經：萬法皆空，相皆虛幻，一切唯心。屬靈和唯心直指人的本來面目，而肉體只是一個會消失不能永生的軀殼。

神秘手卷直指這個軀殼是反作用力，明白又清楚地說出正是這個“**反作用力外衣**”**造成我們無法彰顯本來面目**。

物理學家證實整個空間充斥著兩股力量在互相消長：作用力和反作用力。

如果對照上一章所言：物質結果是由作用力和反作用力交互運作的結果。用粗淺的比喻，作用力是一種正面向前的力量，那麼反作用力就是一種負面後退的能量。但這個章節已經完全的告訴我們，作用力的來源就是被造物主所創的靈體，而反作用力即是肉體。

我們常說「心想事成」，想到就能實現的力量就是一種作用力。反之，抵制作用力不讓其實現所想的就是反作用力。而代表作用力的靈體卻被代表反作用力的肉體障礙住，難怪手卷直接點出**“神子被囚禁在無法永生的反作用力外衣裡動彈不得”**，清楚地說出每個人無法彰顯本來面目的原因。

這也道破爲何我們的思、言、行一直無法處在正面的能量裡轉化結果的發生。

現在我們終於明白，肉體是一切「反作用力」的根源，它不是我們的本來面目，反而是障礙內在本質彰顯的阻力。

眼前所看到一切不好的事，都是肉體影響我們的“思”所創造出來。

它讓“思”以爲所看到的一切都是眞實，而相信又是一股強大的力量，造成我們因相信了惡（假象），讓言和行也跟著一起創造出更多的惡（假象）。

只要肉體存在的一天，內在完美的本質就無法完全彰顯，靈體的眞相就無法被清楚看見。肉體是一個與靈體對立之物，在對立之中形成了阻力。

無怪乎聖人佛陀一再於經典裡強調世間皆是幻象，不是靈體的眞實原貌，人要好好的降伏五賊（肉體的五官意識）。聖人耶穌也告訴門徒：世人的眼睛如同瞎子，看不見眞理！

現在我們終於清楚了，由肉體的角度來看所有一切事都會被扭曲，所看到的也都是虛幻不實，所以是反作用力之所在。

因此，古代聖人一再告誡我們，要傾聽內在的聲音，即明白的要我們傾聽內在靈體的聲音，不要受肉體五官意識的影響。

內在靈體是我們的本來面目，祂擁有強大的創造能量和智慧，肉體是阻礙靈體彰顯的“囚衣”，它最後會消失毀壞，跟眞理無關。

但問題是這個反作用力外衣是怎麼來的？

爲什麼我們會穿上這件反作用力外衣？

有沒有解決反作用力外衣的方法呢？

靈魂被囚在肉體裡已經是一個事實，但總不能等到肉體毀壞後再由靈魂來解決當下的一切問題吧？

按照神祕手卷指出"神子就是被囚禁在無法永生的反作用力外衣裡才動彈不得"，說明了只要肉體還存在的一天，就沒有自由和眞理可言。

聖人佛陀直言：人生苦海，苦海無邊！在被“囚禁”的日子裡，怎麼做都不對，怎麼說都會被扭曲，**一切的問題都出在這個具有強大反作用力的肉體上**。

所有的華麗冒險　只為深刻體悟造物主的真實狀態

唯還原　才能重返源頭

神祕手卷又言：**所有的華麗冒險　只爲深刻體悟造物主的眞實狀態**。

這似乎在說明，我們會穿上反作用力外衣，目的是爲了深刻體悟造物主的眞實狀態。

換言之，穿上反作用力外衣是一場華麗的冒險，是一種刻意的安排和自己的選擇，目的是爲了感受和體悟造物主是什麼？

透過一個寓言故事，相信可以讓我們清楚什麼是“**所有的華麗冒險　只爲深刻體悟造物主的眞實狀態**”。

「在深邃的海洋裡，住了一隻大魚。

這隻大魚博學多聞，常是小魚求道解惑的對象。

每一隻小魚只要遇到了任何問題，大魚都能爲其解惑，因此深受小魚的尊崇和喜愛。

有一天，一隻小魚突然跑到大魚面前，對著牠說：親愛的大魚！我們現在住的這個地方是什麼地方？

大魚愣了一下，回答小魚：我們住的這個地方叫海洋啊！

小魚接著答腔：什麼叫海洋啊？

大魚說：我們現在住的這個地方就是海洋啊！

小魚疑惑的直視大魚：海洋？我們住的地方就是海洋？我搞不懂！我眞的搞不懂！爲什麼我們住的地方就是海洋？

大魚聽到小魚的疑惑後，進入沉思。

小魚看見大魚忽然安靜，不禁又在旁邊開始嚷嚷起來：我不管！我要知道什麼叫海洋？一定要告訴我海洋到底是什麼？

大魚看見小魚急切的渴望，點了下頭後對著小魚說：你現在去把所有的小魚一起請過來，我要告訴你們答案，什麼叫海洋！

小魚聽見後，眼睛立刻亮了起來，興奮的把這個消息傳達給所有的小魚。

一會兒，一大群小魚來到大魚面前。

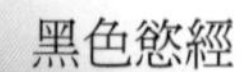

大魚若有所思一會兒後，對著所有的小魚微笑起來。

小魚們不解大魚微笑的意義何在，看著大魚的微笑，也忍不住跟著笑起來。小魚彼此笑成一團，整個場面變得非常熱鬧。

一會兒，大魚便帶領所有的小魚往岸邊游去。大魚一邊游，一邊語氣平和的說：你們要注意看好！我將告訴你們什麼叫海洋！

跟在後頭的小魚聽到大魚的話後，個個激動興奮起來，很期待大魚將要告訴牠們答案。

游到岸邊後，大魚回過頭，依舊微笑看著所有小魚。

突然大魚躍身一跳，跳出了海面，整個身子重重的撞擊在岸邊的土地上。

所有的小魚驚訝的趕緊將身子露出海面，看看大魚是怎麼一回事？

刺眼的陽光，照在大魚身上。

大魚慢慢停止了呼吸。最後尾巴輕輕一拍，動也不動的死去！

所有的小魚難過的掉下眼淚，牠們終於明白爲什麼居住的地方叫海洋。」

因爲你是，所以講不出「你是」到底是什麼。

造物主的愛是什麼樣的愛？若非透過與之相反的體驗，我們恐怕體會不出造物主的愛到底是什麼。

原來神祕手卷提到的“華麗冒險”，就是爲了穿上“反作用力外衣”以便深刻體悟造物主的眞實狀態。換言之，當下的一切都是爲了體悟，是爲了成全讓我們知道是如何的近似造物主。

如同小魚生存的環境就是海洋，海洋就是海洋，該怎麼去形容？所以大魚只好跳到與海洋相反的岸上，透過死亡告訴所有的小魚，海洋之所以是海洋，是因爲與陸地不同！

透過相反之物，我們才能清楚當下是什麼！
如果沒有相對之物，我們永遠無法體悟眞理爲何物！

那麼這個邏輯就全通了。
因爲萬能的造物主，不會創造出“蹩腳”的人類，所以穿上“反作用力外衣”是人類清楚地選擇，是一種自願的行為，所以才說是一場華麗冒險，也是靈魂渴望且必要的，因此造物主成就了這場華麗冒險。

原來生活中所有對立之物，
都是認清自己本來面目的最好依據！

接著神祕手卷又說：**唯還原　才能重返源頭**

換句話說，當初我們都以完美的神子形象離開，要回到造物主的國度，也必須恢復原來的神子面貌，而不是還披著「反作用力外衣」。

這就是造物主跟我們之間的盟約，也是唯一的盟約。

原來肉體是靈體用來體驗的工具！

當初我們與造物主相似，一切都是心想事成的作用力（直接攝受，直接形成）。但靈魂完美的本質無法改變，可是爲了體驗完美爲何物，只好設計相反之物來穿戴，而這相反之物就是「反作用力外衣」——肉體。

我們穿上這件「反作用力外衣」，忘掉自己本來的身分，完全融入反作用力體驗場體驗，直到回憶起或恢復本來面目時，才能將這件「反作用力外衣」脫下，再度回到造物主的國度。

若沒有將這件「反作用力外衣」去除，我們就會繼續在體驗場（世間）裡輪迴，直到回憶起自己是神子或恢復神子的本來面目爲止！

所以在體驗場裡，我們經歷了痛苦、失敗、衝突與對立這些必要的負面體驗。但事實上我們是可以重新選擇的。因爲來到反作用力體驗場，只是藉著反作用力來比較神性有多完美，而不是把假當眞，讓自己靈體回不了家。

佛教界有一位非常有名的大師——六祖慧能，其經典的一句話就是：本來無一物，何處惹塵埃？指的就是**這個世界根本就沒有所謂的負面產物，一切皆爲假象，是爲了靈體體驗而設計出來的**。

事實上就是如此，**造物主只創造完美沒有其他**。

所創造出來的靈體更不可能有任何瑕疵，唯一被誤解爲瑕疵的就是那件「反作用力外衣」，爲了體驗神性而設計出來與之相反之物。

進入體驗場的靈魂，只有一件事可以做：那就是透過「反作用力外衣」盡情體驗。體驗過程既痛快又痛苦。當靈魂體驗夠了，或說是「苦吃夠」了，靈魂自然會開始走向回家之路。這時就會激發肉體尋找解脫的方法，讓自己可以超脫“反作用力外衣”。

重點節錄

愛是唯一 造物主就是愛 你所尋找的愛就在造物主裡
回歸造物主是解決一切問題的關鍵

我們學習到了：必須從思、言、行的思上
徹底明白與造物主之間的關係 並且承認祂的存在

Chapter 4

從古老的智慧經典吠陀
揭開生命的能量場

該怎麼還原呢？

如果整個世界的扭曲和負面結果，都是因為穿上了這件「反作用力外衣」，當然，還原也就必須從破解這件「反作用力外衣」下手。

吠陀知曉一切事　破解三脈七輪是關鍵

神祕手卷告訴我們，想要完整的了解靈體和肉體，我們可以從全世界最古老的一部經典——吠陀經所記載的人體能量系統談起。

吠陀經的吠陀兩字原意為**智慧的知識**，在任何宗教還沒有形成之前就已經存在。

內容描述靈體的原理相當精闢，透過現代解剖學也證實，經文所寫絕對不是憑空捏造。所以用它來討論接下來要談到的性能量，就有了權威對照的依據。

現在我們一起透過吠陀經的引導，了解人體的整個能量系統。

吠陀經：生命是由肉體和靈體所組成。

肉體又可以分成三條經脈、七輪（七個能量中心）和能量源等系統。

這三條經脈分別是左脈、中脈、右脈。

七輪（七個能量中心）指的是位於尾椎處的根輪，腹部的腹輪，肚臍處的臍輪，胸口處的心輪，喉嚨部位的喉輪以及眉心處的額輪和大腦邊緣處的頂輪。

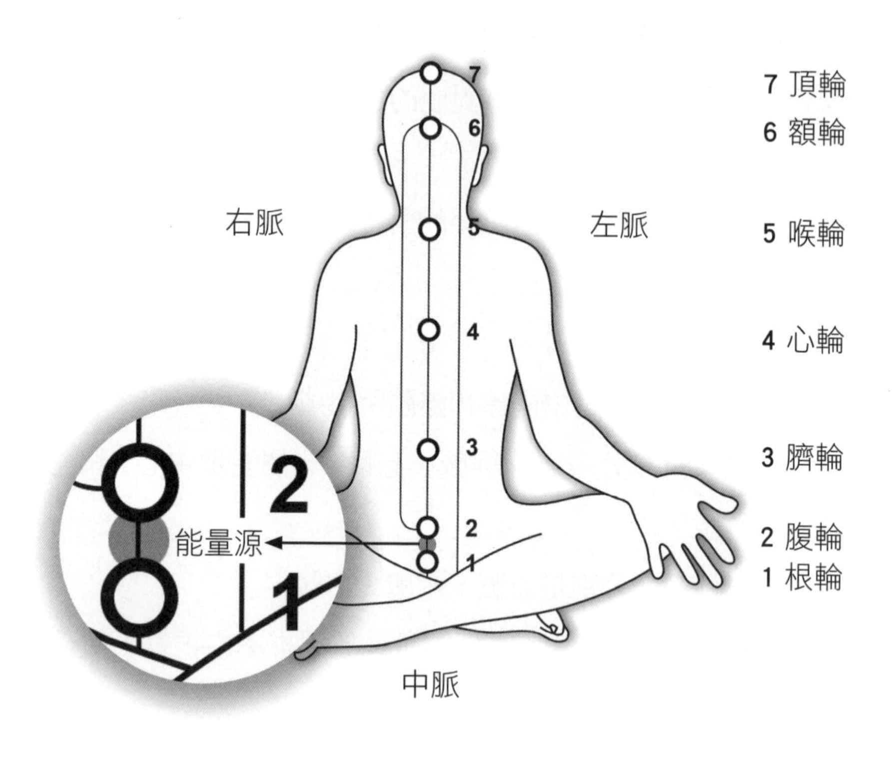

這三條經脈和七輪以及能量源影響著我們的健康狀態，執行和落實事物的能力，以及一般人所說的命運。

其狀態完全針對靈體的體驗需要，處理成不同的能量特質和比例。

身體的七輪是靠能量源的轉動，產生無數不同強度的空氣振動而形成。能量源是靈體的藏身所在，也是與造物主連線獲得宇宙大能的地方。

能量源的強弱與一個人是否有造物主的概念有關。

相信造物主和願意與造物主產生關聯的人，其能量源可以接到更多來自造物主的能量。**能量源的強弱，正反映一個人對造物主愛德和信德的程度**。

七輪從能量源獲得能量之後，供應精神和情感的能量所需。**重要的是我們對造物主的每一個念頭，每一個行爲都會影響七輪的運作**。

換句話說，我們跟造物主關係的回復狀態，正是產生我們目前狀況的關鍵。

一切都離不開造物主，不管你相信、不相信或同意、不同意。

七輪正好對應肉體的七個神經叢

透過現代醫學證實，吠陀經所記載的七輪，正好是人體內的七個神經叢。

根輪對應了人體內的坐骨神經叢，腹輪對應了主動脈神經叢，臍輪對應了太陽神經叢，心輪對應了心臟神經系統，喉輪對應了頸部神經系統，額輪對應了視神經叢及頂輪對應了大腦神經系統等。

這些都讓我們相當驚嘆，在醫學尚未發達的年代，造物主就已經將這些祕密記載於吠陀經中，流傳於世。

【註】／古老的吠陀經是誰寫的？沒有人知道。但對應接下來即將開啓的祕密，我們只能讚嘆是造物主的啓示。

我們透過下面的表列，一次明白七輪所代表的能量狀態：

輪穴	靈體未開啓前的肉體狀態	靈體開啓後的肉體狀態
頂輪	不相信造物主，反對造物主，懷疑自己，懷疑週遭人事物，偏激權威	身心靈合一，重視集體意識，內心寧靜和諧，自在平安，**與造物主合而爲一**
額輪	思考過度，不寬恕別人，過度的擔憂而陷入恐懼的情緒裡，沉迷色情刊物和影片	寬恕，慈悲，無任何的恐懼思慮，**恢復靈視與神子功能**
喉輪	言語過多，言語暴力，輕視他人，與人有不純潔的關係，常有罪惡感	和諧的人際關係，感應內在眞實的聲音與能量，凡事皆能**心想事成**

心輪	缺乏安全感，受恫嚇，過度承受壓力	有愛心，責任感，充滿自信和安全感，產生抗體，**與造物主開始相應**
臍輪	爲金錢過度擔憂，夫妻關係不良，一方受到壓制，酗酒，濫用藥物，隨意禁食	德性具足，財富圓滿，婚姻幸福，健康平安，**掌握世間財物與權力**
腹輪	過度計畫和擔憂未來，欠缺與自我的內心溝通，沒有變通力與創意，呆滯	豐富的創造力，美感，純粹的知識，強而有力**解決問題的能力**
根輪	沉迷於不當之性行爲和性修行，婚姻問題，沉迷於幻術玄學，不當之催眠活動，經濟壓力，工作失利，人際關係不協調，自我主觀意識強，於業力網中衝突對立不斷，色財權誘惑之地	純眞，善良，基礎穩固，穩重，脫離色財權的迷惑，**邁向眞理智慧的開端**

從上述的表列中，我們更進一步知曉生命的答案與意義。

原來七輪代表了靈體所具備的七種大能，爲了這場華麗冒險的需要，造物主封住了這七個輪位的光。

沒有光的七個輪位，就彰顯不出原有的光明，這光明是神子本有的東西，並沒有被拿走或取消，只是爲了華麗冒險的需要，光被封住了，呈現出黑暗狀態，肉體就是依照被封住的黑暗狀態而形成。

原來肉體是靈體的光被封住後所形成出來的假象，一旦被封住的光再度彰顯出來，肉體的假象也就不存在。

換句話說，這只是一個暫時的現象，是爲了華麗冒險的

需要。只要讓被封住的光重現，一切又恢復到神子的本來面目，完全沒有任何改變。

七輪是靈體七種神聖大能，祂是近似造物主的證明，當靈體將一個一個輪位淨化開啓後，就會呈現所有的正面狀態。

頂輪——與造物主合而爲一，所有功能全部連結完成。

額輪——恢復靈視與神子功能，如同佛陀所言的六種神通：神境通，天眼通，天耳通，他心通，宿命通，漏盡通。

喉輪——心想事成，諸事無礙。

心輪——可以跟造物主無礙相應，也是得道成聖的第一個證明。

臍輪——掌握世間的財富與權力，不爲現實生活所苦。

腹輪——源源不絕的創造力和解決問題的能力。

　　　　也是各種藝術創作的能量來源。

根輪——開啓智慧，跳脫業力的干擾與障礙。

而能量源位於根輪和腹輪的中間（三角骨處），正是靈體的藏身所在。

輪位的狀態代表靈體本來具有的能力，也是靈體從能量源要回到源頭必經的道路順序。

換句話說，靈體必須將七個被“封”住的輪位逐一開啓，就如同開通道路一樣，可以“一路順暢”回家。

而回家的憑證就是將七個輪位回復到原本“光”的狀態，也是神子本有的狀態。

但嚴格說，靈體向上的道路其實只有六個輪位。因為已經在根輪之上，所以不需要經過根輪。

相對的，當七個輪位的光被封住後，它就開始呈現反作用力的負面狀態。

頂輪——自大權威，目中無人，可能有信仰但就是不承認造物主。

額輪——思考過度太過理性，猶豫不決或絕情待人，易沉迷情色想像與重視外表。

喉輪——言語尖銳充滿暴力，諸事不順，事與願違。

心輪——缺乏安全感，極度沒有自信，恐懼擔憂，心不自由。

臍輪——經濟壓力過大，辛苦付出卻無法得到想要的結果，染上各種惡習。

腹輪——情緒起伏過大，沒有創造力，常讓事情陷入膠著和對立。

根輪——集所有上述負面能量之大成，又稱爲反作用力重力場，即宗教所言的業力網。同時也是容易迷失在色、財、權的負面陷阱。

靈魂非根輪生

卻為根輪落

若要向上解脫

淨化根輪是永久

萬事成扭曲　　皆因根輪起

從上述的說明可以明白，根輪是七輪中關鍵中的關鍵，也是所有人類必須經歷和面對的重要輪位。

根輪主宰性能量，但這個性能量並非只指性愛、性交之情慾能量。而是泛指心受到了迷惑後所發出的一切負面波動。將性字拆解開來得到心生兩字，即可以理解其義。當然性在根輪裡確實是一個非常強大的能量，是所有人要回歸源頭道路前，首先必須面對的課題。

根輪也是幻化肉身出來的管道，它雖在靈體之下，卻對靈體有相當關鍵的影響力。因爲它代表極大負面的業力網，匯集被封住的六輪之所有負性能量，對靈體起強大的干擾作用。

依照輪位的順序來看，根輪離造物主最遠，所以幾乎得不到光照。雖不是靈體要經過的地方，卻可以吸引靈體向下墮落而無法向上，同時也是讓靈體體驗痛苦的負面能量製造場。

所以，**只有根輪被淨化後，人們才可能開始走上智慧之路**。

在根輪未完整淨化前，思、言、行無法起正面的共鳴作用，注意力無法集中在作用力上，情感狀態會導向負面情緒，陷在一切的假象中打轉。

現在我們終於完全明白了，要回到源頭與造物主相應，必須將被封住的輪位一個一個打開，而根輪即是第一個要處理的關鍵輪位。

每個輪位的光被封住後，都產生相對應的扭曲狀態，其扭曲程度依其被封住的深度而有所不同。雖然目前我們都在業力網中，但依個人累世輪迴轉世，及對造物主產生連結的深度，影響著輪位的完整狀態。

與造物主連結得愈深，被封住的光就愈能顯透出來，顯透得愈多，神子的功能就愈強，也就是愈來愈像神子的本來面目。

相對的，與造物主連結不夠或者是不承認造物主存在的人，其輪位的扭曲程度就愈嚴重。光暗氣濁，命運也多舛。

靈體非根輪生

卻爲根輪落

神秘手卷指出，靈體不是從根輪出來，是屬靈造物主所造，所以不屬物質，不同於肉體。從七個輪位的表現來看，靈體位於根輪之上，所以靈體具有向上回“家”的渴望與衝動。如同離家在外的小孩，無論外面多好玩有趣，最後還是會回家與父母親在一起，家才是最後的落腳處。

源頭是靈體的家，造物主是靈體眞實的父母，而回源頭是靈體最後都會進行的事。肉體從根輪生，是設計來讓我們體驗反作用力的“墮落工具”。

若要向上解脫
淨化根輪是永久

我們想回源頭，就必須讓自己還原成當初離開「家」前的神子面目。這是跟造物主的盟約，也是必須經歷的淨化過程。從一步步的淨化過程中，開始回憶和體悟造物主的不可思議，這就是這場華麗冒險的眞正目的。

除非我們的“苦”吃得還不夠，不想尋求與造物主之間的連結，還想仗勢肉體與五官意識，那麼就繼續在反作用力場裡體驗輪迴，直到你「不想玩」了爲止。

萬事成扭曲　皆因根輪起

這句話講得太清楚了，也點破所有的問題所在。

淨化過程其實就是禪宗所說的「還原」，若還原不先從根輪下手，一切都是本末倒置，再好的東西，到最後還是受到根輪的影響而出現質變。

神祕手卷點出：萬事成扭曲，皆因根輪起。根輪集所有輪位負面之大成，整合成三大誘惑——色、財、權，干擾和障礙靈體。

我們綜觀人類的歷史，幾乎看不到美好可以長存下來，最後都敗在情慾（色）、金錢（財）、權位（權）裡，扭曲失真。

從宗教面來看，五大教主應運而生，卻無法徹底解決人類與世界的問題。反而產生更多的宗教對立和大師權威，無法實際解除人類身心靈的痛苦以及現實生活的壓力。

從政治面來看，永遠的民主理念，都不敵追逐權勢的荼毒，到最後只剩下口號。

從文化面來看，精神面永遠與物質面對立，再多的人文薈萃，都不敵商業的威力摧殘，只留下人類低俗毀壞的記憶。

所有一切到最後還是敵不過根輪的反作用力，陷入色、財、權的迷惑裡。

因此，根輪的淨化絕對是破解反作用力的第一個關鍵。

根輪未淨化，人、事、物永遠會出現變數，也永遠會產生衝突和對立，到最後都是傷害。

每個輪位都有一個相對應的器官和組織，透過表列可以讓讀者清楚對照：

輪穴	對應身體部位
頂輪	大腦邊緣神經系統
額輪	太陽穴、視神經床（松果腺、腦下垂體）
喉輪	頸部神經系統、甲狀腺、口、鼻、喉、舌、臉、牙齒、視覺、聽力、雙肩
心輪	心臟神經、心跳、胸部、呼吸
臍輪	太陽神經叢、胃、腸、肝（上部）
腹輪	主動脈神經、腎、脾、胰、肝（下部）、子宮
根輪	坐骨神經叢、前列腺、排泄系統、生殖系統、性能力

當身體出現病變，代表對應的輪位先出現了問題。對應的輪位被淨化，身體的病痛也會跟著解除。

在中國清朝同治年間，出現了一位講病的大善人王鳳儀公。透過指出病人的心結和負面情緒所在，就能將一個人的病治好。完全沒有用到藥物，只要病人誠實地面對自己的內心問題，同時向造物主懺悔認罪，即能眞眞實實讓病消失於無形。

這個眞人眞事正對應了吠陀經所載，輪位淨化後恢復了光，所有的疾病就此消失。王鳳儀公要病人向造物主懺悔認罪，就是淨化的一種。

接著我們再來談談左脈、中脈、右脈，讓讀者可以更清楚地知道完整的知識。

在人身體的左邊，有一個欲望的力量叫左脈或陰脈。

左脈流經整個身體的左半邊，把過去的記憶帶入意識之中，幫助人們做出行動。

當左脈活躍的運作時，人便有了生存的欲望；當左脈衰竭退回時，也正是人死亡的時候。

在人類身體的右邊，有一個掌管行動的力量叫右脈或陽脈。

右脈流經整個身體的右半邊，產生行動的力量去實現欲望。它負責身體的活動和思維，在左腦形成一個副產品叫自我（Ego）。而左脈在右腦形成一個副產品叫超我（Super Ego）。

在現代醫學上左右兩脈的表現相當於脊柱外面的交感神經系統之運作。

當這兩股力量實現了它的欲望後，還要保持獲得的成果，就必須靠中脈的智慧來支持。如同我們建造了一間房子，如果不能夠保有它，就沒有什麼意義，而**要保持獲得的成果，必須透過中脈的力量。這中脈的力量指的正是造物主的力量**。

換句話說，中脈的存在證明了造物主並未離開過我們，祂的力量一直與我們同在，透過中脈與靈體相互感應。只是現在我們的輪位被封住，尚未淨化完成，才無法完整的感應到造物主的存在。如同烏雲遮住了太陽一樣，太陽自始至終都未消失。

中脈的力量是屬於自覺性的，祂與宇宙源頭的能量相接，在人體內的表現正是現代醫學所講的副交感神經系統。

從醫學的知識中，我們很清楚地知道，當交感神經運作太頻繁，也就是左脈或右脈極端的運作時，會讓一個人失去平衡，造成精神上的壓力和能量的損耗。

當一個人行動過度積極，會助長自我的膨脹，導致主觀意識過強，這代表右脈的使用太過頻繁，這時會失去左脈的感應能力，而讓一個人變得斤斤計較，愛掌控別人以及追求個人利益。

這樣的人在性格上缺乏圓融和充滿霸氣，狡猾，愛侵略，易自我矇蔽，常常會做出荒謬、愚蠢以及後悔的事。

太偏向於左脈的人，會極端的情緒化和喜怒無常，而且性格會出現消極、懶散以及過度內向。

這種人常常活在過去的回憶中，缺乏活力和動力，不敢面對現實和已然產生的問題。

右脈代表男性的能量，如分析、競爭、侵略等。左脈代表女性的力量，如柔順、負責、合作、直覺等。如同左腦掌管身體的右邊，負責思維、計畫、分析、行動等能量，而右腦掌管身體的左邊，負責感情、記憶、欲望等能量。

兩者負責相反的能量卻達到一個相成的功能，互相成就互相協助，偏向於任何一邊，都無法達到圓滿。

而中脈就沒有這樣的問題，它不偏向任何一邊，卻擁有兩股力量的優勢。祂透過左脈和右脈的力量來形成智慧，並讓人守住中庸之道，知進退，並過著一種協調的生活。

重點是這是一個與造物主相接的管道，洋溢著生生不息的偉大力量。

從華麗冒險的角度來看，其實左脈和右脈即是靈體脫離絕對的造物主後，所展現出相對的陰陽兩股力量。換言之，沒有造物主中脈力量的把關，靈體根本無法在中庸之道裡精準掌握陰陽兩股力量。而能量呈現的偏差，即是造成衝突對立的主因，同時也影響了“回家”道路——七輪的能量狀態。

人類誕生到世上，在嬰兒時期頭骨中央頂輪（天靈蓋，

百會穴位置）尚未完全硬化前，還能與造物主的大能相通。隨著成長到頭骨中央硬化後，就切斷了與造物主的能量聯繫。靈體正式脫離了造物主，開啓一場空前未有的華麗冒險。

這時就只能用到有限的能量來支撐生命，如果不將能量源開發使用，讓靈體有機會取得與造物主的能量連結，人們將會因爲能量不斷的損耗，造成老化、身體疾病等衰敗現象。

勿信非中脈言論
能量被盜傷身財

新聞媒體上常會報導某些人因爲誤信了某大師或加入某

團體組織，遭受人財兩失的負面消息。

有些人無論透過哪種方式，總希望能明瞭生命中更深層的意義。對他們而言，僅是物質上的享受並不能滿足內心深處的渴望，有一股力量推動他們努力尋找生命中的絕對眞理。

他們內在渴望與造物主連結，可惜這條「尋道之路」漫長又不好走。

如果要選擇精神導師或者修行組織，可以透過下列的問題來判別到底適不適合你：

1、有沒有人要你一直捐獻財物來行功立德？

眞理是不用花錢的，也不是可以透過買賣交易或佔爲己有的商品。

2、他們是否要你穿一些奇怪的衣服？要你採取古怪的姿勢靜坐或練功？或者唸一些連自己也搞不懂的咒語？

我們一定要清楚，眞理是不會要人費力的，它只在乎個人是否有眞正的渴望，而不需注重外在的形式和考驗。

因爲沒有考驗之說，一切都是爲了華麗冒險的選擇。若眞有“考驗”，那只是你的思、言、行尚未進入造物主能量的一種狀態。面對它，思考它，淨化它後，考驗自然消失。

我們不能因爲自己的資訊不足或專業不夠，就怪罪是造物主的考驗。有問題就尋求專業，有不足就尋求學習，千萬別悲觀負面而喪失了修正的機會。

3、修行或學習當中，是否感受眞正的喜樂，並且眞實地看見自己的問題？而不是一些含糊不清的承諾。例如：修多久就可以如何如何等語。

4、用自己的信心去感覺走這條路是否有價值？眞理跟看過多少本書和上過多少課一點關係也沒有，而且不會用一些特殊怪異的方法來迷惑大家。如：看異象、聽異聲、氣功感應、預言、與亡魂溝通等十分危險的行爲。

5、所教導的內容有沒有引導你走向自己，還是在塑造另一個大師權威？

6、你是否有選擇逗留或離去的自由？當你感到懷疑或者是受到恐嚇時，你有權立即離開，不應受到別人的控制和利用。

7、眞理到最後都會推向造物主（或說是集體意識），會讓人更融入團體，把和諧和愛帶入其中，而不是遺世獨立，不食人間煙火。

8、是否設立諸多的戒律和限制，組織內的成員，包括導師自己也做不到？
是否要求危害身體健康的長期禁食，讓人無法感受求道的喜樂和自在？

如果透過以上這八點問題的檢視，你產生了疑問，或許正在暗示這個組織並不能爲你帶來眞正的幫助，除非你有辦法導正它，否則應該重新選擇。

勿信非中脈言論

能量被盜傷身財

造物主是一切的答案與依歸，所有人在造物主之下平起平坐。唯一的差別就是回憶起本來面目的早晚而已。

除了造物主外，誰都無法眞正解決我們的問題。

宗教信仰不應該成爲一種知識障和到不了造物主的自圓其說。我們是造物主所造，最後都要回歸造物主的國度，除此以外沒有其他。

任何非關造物主的言論，都不要輕易相信和嘗試。也不需要去崇拜人爲的大師，讓自己最後傷財損耗。

只要靈體超越腹輪以上的人，都會清楚造物主才是生命中的唯一與價值。祂不需要人的崇拜和供養，會要人崇拜和供養的大師，其能量一定還未超越根輪。未超脫業力網的人，怎麼有資格當你的導師？你何苦褻瀆自己尊貴的靈體，去成就他人的自大與權威。

靈體掌握肉體的吉凶禍福

事實上，三脈和七輪的整合，會表現在一個人的思、言、行上，是身心靈完美的合一展現，也是讓靈魂順利回家的最佳方式。

因此，整合第二章所言，在思、言、行一致共鳴的最高層次上，眞正的思是靈體的思而不是肉體的思。

靈體的思是發自內心堅定不移的信念，祂才有可能帶領言和行走向正確圓滿的道路。而這發自內心堅定不移的信念，就是靈魂所欲。

肉體的思是業力所引，它會將生命帶進黑暗和反作用力結果。

若肉體可以做到順從內在靈體所欲，思、言、行一致共鳴所引動的正面能量，一定可以創造出不可思議的成就。

若順從肉體的意識，將遠離神性的保護，吉凶禍福全靠自己掌控，通常最後的結果就是進入反作用力之中。

中國人講「上樑不正下樑歪」！一個錯誤的思考，不可能獲得正確的言行，沒有正確的言行，就不可能得出正確的結果。

所以每個人想達到所要的結果時，一定得從思想上開始。而學習順從內在靈體所欲，才是帶領肉體走向圓滿的方法。

所以從源頭的角度來看，肉體的吉凶禍福是由靈體掌控。靈體透過破解七輪被封住的光，就能彰顯出本有的祝福與聖寵。光是這些來自造物主的祝福與聖寵，便足夠讓肉體享用不完。

靈體是純然的作用力，而肉體是純然的反作用力。

肉體意識帶領生命走向負面結果和走向死亡，靈體透過肉體來體驗，在淨化後開始彰顯神性的完美與偉大。

透過靈體來轉化肉體的反作用力，轉化反作用力就等於轉化負面結果。靈體到最後都想彰顯神性的完美，而這神性的完好展現在物質世界裡，就是富足、喜悅、美好。這也是肉體的吉凶禍福是由靈體掌控的道理。

但今天我們的思想狀態不認同靈體，不認識也不相信造

物主，所以無法產生全然正面的思想與思考，沒有正面的思想與思考，就講不出完美的話，當然就沒有正面的執行力而得到正面的結果。這就是思、行、言相互作用的邏輯。

想要正面的結果，就要相信自己的靈體；相信自己的靈體，就是相信自己是神子；相信自己是神子，等於相信造物主，自然就可以得到造物主本已存在的祝福與聖寵。

佛陀說：衆生平等。因爲每個人的內在都有一個圓融無礙的「本體自性」。

耶穌說：造物主用祂的「神性」創造所有的男男女女。而這「本體自性」和「神性」指的就是內在的靈體。換個角度看，我們根本時時與造物主同在。

造物主用神性創造了我們，而我們也具備跟造物主一樣的完美，這是一個早就存在的事實。許多人因爲卡在這個觀念無法前進，造成靈體無法超脫，也享受不到生命該有的喜悅與樂趣。

再想一想，人類歷史有多少宗教產生？多少大師應世？但是這個世界並沒有因此變得更好，反而進入眼簾盡是不可預知的天災地變和破壞族群和諧的人禍，而且還不斷推陳出新的上演著。

難道是佛陀、耶穌、阿拉不靈，讓誦經迴向以及超渡法會失去了效果？或是造物主根本就不存在，讓數以萬計的人們每天不停的禱告，仍然解決不了足以毀滅人類的鬥爭和災難？

所以眞相是「**在眞實的狀況裡，你永遠不可能去找到你不是的東西**」。換句話說，你永遠不可能去相應到（或者是感應到、吸引到）你不是的東西。

所以如果你不是造物主所造，那麼你就不可能尋找到造物主，因爲你不可能相應到你不是的東西或感應到你不是的東西。

所以不承認自己的本來面目是神子，而跟造物主一樣圓滿具足的話，所有的信仰、崇拜、祈禱等宗教儀式都是一個笑話。因爲道理就是這麼簡單：

你永遠不可能去找到你不是的東西。

如果你不是神子，你就無法知道如何可以尋找到造物主和體會到造物主的想法和感受。既然如此，又何苦浪費這麼多的時間和精力，去投入一個不可能有任何結果的信仰和儀式呢？

唯有相信自己就是神子，信仰才會開始起作用。

也唯有如此，人生才會開啓各種不同的意義；也唯有如此，道理才會是道理。

物質結果來自思、言、行三種力量具足的呈現，也就是目前生活現況全是思、言、行一致共鳴後造成。

有這樣的想法，才產生出言語，接著身體去執行、成就，三項缺少了一樣，便無法呈現我們想要的結果。

但是今天我們都在產生結果的「思」遠離了造物主，造成與造物主相應是一種想像，一種遙不可及的夢。我們怎麼想就會創造出什麼樣的結果，而不認同自己是神子，如同爲自己創造出一個永遠不可能與造物主相應的結果。這就是人類無論如何祈禱、呼求和敬拜，永遠得不到造物主相應的原因。

造物主用愛創造了靈體，靈體就是造物主的化身。

靈體爲了這場華麗冒險在肉體裡，祂代表了作用力的結果。

不相信造物主等於不相信自己的靈體。

不相信自己的靈體，等於不相信自己可以得到正面的結果。

現在讓我們閉上眼睛，將這個章節好好的反覆思索，因爲我們想要突破目前的困局和難關，或者想破除一切的迷思和障礙，這絕對是一個重要的開端，也是一切意義的開始。

在真實的狀況裡，永遠不可能找到我不是的東西！
所以我是造物主的化身，具足無限的完美和力量！

造物主可以用一千種、一萬種的形象出現，一切都是造物主，所以造物主全是。就因爲「全是」，所以沒有任何形象可以定位造物主。

因此只要透過知識傳承，或從資訊裡想像出來的造物主，都不是眞正的造物主。但我們卻可以透過靈體看見造物主的奧妙，只有靈體認得造物主。

可惜人類都在自欺欺人，「知識障」讓我們創造出有「知識障」的神，我們只相信自己的主觀意識，所以得不到造物主的相應。嚴格說來，不過是信仰自己的五官意識，對造物主並沒有眞實的渴望！

人類誕生下來，就註定在對立和比較的空間裡，人生苦海，苦海無邊。其主要目的就是在假象的空間中，將神性的完美彰顯出來，讓神性的作用力轉化肉體的反作用力，當下見證本來面目的喜樂。

如同聖經所言：天國來到人世間一樣，就是這場華麗冒險的目的。

人間可以是天堂也可以是地獄，完全看個人的選擇。但往往我們在體驗場裡迷失，把假當眞，**把原本要體驗變成是一種承受**。

物質世界設計之目的，只是藉此體驗與神性之不同，透過負面的體驗，好在淨化後深刻比對造物主的完美。這是體驗而非後來認假爲眞的承受。

體驗指的是內在靈體透過肉體這個工具來經驗一下非神性的感覺，這個體驗是短暫的，不是長久的。體驗後就由靈體來轉化反作用力，讓神性的完美彰顯出來，由神性取代最後結果。

承受是把體驗當眞，由自己承擔接受，把它當成是自己的一部分，造成執著放不下而無法脫離。

為什麼會有這樣的差別？

當下遺忘了你是造物主的化身，在思想上把創造出來的假象當眞，接著就引發言語上的認同，做出負面的行爲，最後導致負面的結果。

想知道自己的人生會有什麼樣的結果，只要看我們是用什麼樣的態度來對待造物主，就可以非常清楚明白。

這一切都回歸到思、言、行的領域，你怎麼想就會怎麼來，端看是用到哪個方向罷了。

所以思、言、行無法產生一致共鳴時，都是因爲恐懼，「恐懼」正是遺忘自己就是神子的直接證明。

一個恐懼的思想只會吸引相同的東西到來，猶如戰爭並不會帶來和平，它只會製造下一次的戰亂和攻擊。所以透過恐懼的思想創造出來的「遊戲」，自然不會將恐懼消失，只會製造出更多的混亂和衝突。

我們的政治是如此，經濟是如此，甚至我們所信仰的宗教通通都是如此。

恐懼是一個強而有力的能量，它會讓你所害怕、擔心、憂慮的事物成真，而且不停的將它一再成形。

所以相信造物主，相信靈體，相信一切值得投入熱情的所有正面事物，將因“思”啓動正面能量，最後自然而然將生命帶進造物主的大能裡。

為何宗教至今仍然無法轉化各種災難的發生

以及解決人禍的問題？

答案很簡單：因爲現在的宗教跟眞相和眞理無關。

當時引導衆人知道眞理的教主早已不存在人世間，許多記錄教主言論的經典，因年代久遠而毀壞失傳。若是後人用自己的體悟加以註解也讓原義盡失。

何況教主以符合當時民情風俗而善巧方便的開示，已無法貼近現代人的生活需求，有眞理但恐怕不符眞相。

在環境變遷與各種制度的改變下，已經無法拿過往的經典直接運用在當下的生活裡。另外，當時民風純樸，人們的思維沒有受到太多的污染，所以聖人可以教以戒律，讓當時的人們藉此守住心性而不被肉體干擾。

時值今日，民風開放，資訊發達，人們接收到各種光怪陸離的事件「洗禮」，其心早已外放如脫韁野馬。

再來就因爲眞實教義早已不存在，取而代之的是被肉體**扭曲後的大師權威**，和**解決不了問題的知識障**。

仔細研讀中外歷史，宗教後來都變成是一種掌控人類意識型態的技倆，它跟**政治掛勾，跟商業謀合**，同時將愛的本意去除，只留下權威的罪罰理論恫嚇民衆，維護自己的掌控權力。

我們必須承認：透過考古學家的考古文物挖掘和印證，宗教經典經過長時間的演繹和流傳，早已失眞，我們**不可能**

從失眞的經典裡找到眞相，錯誤的訊息只會讓自己變得更扭曲更執著。

所以我們看到現在的宗教信仰並不能讓我們更自在更喜樂，反而被一堆不必要的儀式和不符現狀的論點或戒律障礙，**成爲名副其實的「知識障」**。

人類的“思”具有強大的能量，它源自於造物主的威力，只是我們都把“思”放在跟眞相無關的事物上，表面看起來好像對個人或這個世界有好處，但實際上都在加重個人和這個世界的壓力與負擔。當發現宗教信仰並不能帶來和諧自在的能量時，就應該要深入探索眞正的答案與眞相。

在二元對立的地球道場裡，把“思”放到何處，就會加

重那個地方的能量。現代宗教沒有深入教導去認識靈體和談論造物主的重要性，反而在文字的解釋和過多儀式上著墨，增加肉體的思維錯亂和執著，反而遠離了靜心觀照相應內在靈體的重要。

相應內在靈體的智慧引導，才能將我們從障礙裡帶到圓滿境地，因爲只有內在靈體的智慧，祂會清楚知道每個人的需要與問題所在，同時透過淨化七輪的「封印」，成就心靈和物質的同步落實。

所以眞正能幫助你的不是宗教信仰和那些大師們，而是從來沒有離開過你的靈體。

靈體才是你生命的導師，祂才有能力化解你的一切問題。

在上古時期，人類的狀態皆符合自然，皆以本性生活與人相處，根本無需宗教信仰。大家在一個「道」（造物主的自然規範）中自在喜樂，沒有對立沒有分別，一切圓融無礙。用天性生活，是就是，當下即是，沒有多餘的解釋和理論。

到了中古時期，人心丕變，離道愈來愈遠，才開始設立制度規範人心。制度一設立，代表人已經忘記了本性，需要透過制度來匡正言行，但也宣告人偏離了正道和本來面目。

在「道」裡才有圓滿才有眞相，脫離了「道」就是扭曲、對立和衝突。所以不管制度如何設定，人性的偏差一樣創造出更多的人性偏差，因爲脫離了「道」就沒有了眞相。

人類的靈體自在圓融，不需要透過制度來引導。需要透過制度引導的不是本性，是反作用力的肉體。

反作用力永遠是反作用力，制定它就將焦點放在它身上，同時給予了能量。反作用力愈大就愈難平撫，它會開始挑戰制度也會鑽制度漏洞，直到所有人被反作用力「洗禮」爲止。

所以你會看到樹立愈多交通告示的國家，人民一定愈不遵守交通規則；愈多法令宣導的城市，人民一定愈不守法。

不以造物主爲主，絕不是正確的方法和道理。

無怪乎聖人佛陀說法四十九年，卻在金剛經和涅槃經中強調：說我說法者即爲謗佛！他完全推翻「說法」這件事，因他知道「道」本自然，是無法用言語和文字來形容，只能用心（靈體）感受和體悟。

任何文字和語言不但無法完整指出「道」的本義，還會被扭曲形成知識障，所以佛陀說出“說法者實無說法也”之妙喻。

現代人脫離「造物主」太久，承受不了靈魂被囚禁的痛苦，所以期待有一個萬能的救世主出現，好滿足自己能解脫的渴望。

但最終你會發現，從歷史記載一堆先知、聖人、覺悟者及各種新興宗教和心靈團體的產生，都沒有辦法真正解決人類的問題。如同上述所言，本心本來圓融，一切都不需要，會需要，代表已經離了「道」。

離「道」就沒有真相，任何外來的也解決不了問題。現代人離「道」太久，把能量給了反作用力的肉體，只要強大的反作用力還在，不管好的或不好的通通一樣會被扭曲。

所以宗教信仰的結果就變成：明明每個受造物都具足了造物主所給予的大能和聖寵，卻被一群自稱是救世主和大師們所掌控。

這些自稱是救世主及大師權威們，如果能真正解決地球道場的問題，經過這麼久的時間，應該早就解決了，但他們連生活都無法自食其力，要靠眾生捐獻供養，你會相信並把生命交付給一個生活還需要別人供養的人嗎？

眾生一體都是造物主所造，外貌或許有異，但本質絕對相同，唯一的關鍵**在於穿了一件反作用力的外衣**。所以要花時間克服的是「肉體」，而不是寄託在那些所謂的救世主和大師身上。

哪怕他們所謂的層次、能量有多高，仍敵不過也被囚禁在肉體的事實，一樣需要吃飯睡覺，一樣會身體病痛，一樣需要錢財過日子。

所以跟眞相無關的法會儀式、集衆禱告、冥想靜坐的宗教信仰或心靈活動，最後仍然解決不了肉體施展出來的情緒和慾望的問題，充其量不過是求得一時短暫的精神慰藉，對眞正的生活問題並沒有太大的幫助，因爲肉體的存在就是一個最大的問題，它代表反作用力永遠跟隨在側。

所以你會看到原本高高在上的神職人員，私底下卻發生不名譽的收賄事件或情色醜聞，講心靈的人最後心靈最有問題。

你的肉體屬於你自己，跟著你相處，也只有你自己可以面對，別人不是你，無法感同身受你的狀態，頂多只能給予客觀的建議，到最後仍然是自己要去面對和解決。

最終我們要明白一件事：我們“屬靈”不屬“物質”，我們是偉大不朽的靈體而不是無法永生的肉體。

所以從現在開始，放下所有非眞相的事物吧！

Chapter 5
淨化七輪的性愛寶典

THE BLACK
DESIRE SCRIPTURE

透過上述幾個章節不斷傳達“思”的重要性，以靈體所欲爲眞正的思，承認自己爲神子是眞正的思。接下來就要透過言和行的一體整合，直接進入如何淨化七輪，打開被封住的光，成就眞實而喜樂的人生，同時回憶起本來面目，見證神子的最高榮光。

呼引大能來　服侍聖事先

根輪是關鍵　忠貞不二人

愛吻靈體升　時間要久遠

這段神祕手卷指出淨化七輪，打開被封住光的方法。

第一句與最後一句互相呼應，直接點出執行的方式稱爲「服侍聖事」，也就是說這個淨化法非常神聖，跟一般情慾發洩不同。

但淨化七輪的方法，爲何會跟性愛扯上關係？

原來**根輪是關鍵中的關鍵**。

根輪是聚集各輪位負面能量的總業力網，主導靈體進入反作用力的體驗場體驗，同時將業力以色、財、權三種負面能量“誘惑”肉體，產生對靈體的阻礙。換句話說，沒有先解決根輪這三種強大的負面能量，任誰都無法覺醒走上回家的道路，所有的結果都會落入色、財、權的幻象裡。

所以你會看到原本充滿理想的年輕人，碰到色、財、權之後，變得墮落、扭曲。

原本充滿政治理念的領導者，碰到色、財、權之後，變得貪婪、極權。

原本負責任愛家的好男人，碰到色、財、權之後，拋家棄子，在外放浪形骸。

根輪在尚未完整淨化前如同受到「詛咒」般，任誰碰到了色、財、權的誘惑都會被吸引而失控。這個吸引是一個無底洞，永遠填不滿，最後讓人完全忘掉生命的本質與目的。

色、財、權這三種強大的虛幻力量，色被列爲第一順位。換句話說，情慾是攪動物質世界變得混亂的第一個力量，無論市井小民或權貴之人，都逃不開色慾的吸引與誘惑。

根輪主導性能量，是對照造物主的大愛，同時也是肉體幻化的出處，所以在淨化根輪的方式上，直接對應所代表的性愛。

神秘手卷強調**根輪是關鍵**，正告訴所有人：不先淨化根輪，使其強大的反作用力獲得轉化，講理想、講理念、講宗教、講信仰、講修行、講公益、講民主、講承諾，到最後都會變成是笑話，完全被業力扭曲，完全被業力干擾。

所以**根輪是關鍵中的關鍵**。只要根輪淨化了，不再對靈體產生干擾和障礙，靈體就能向上還原，把被封住光的輪位一個一個打開，自然而然就能回憶起本來面目，恢復本來具有的能力，完全跟宗教信仰無關，完全跟佈施功德無關。

該怎麼執行淨化七輪呢？

呼引大能來　服侍聖事先

根輪是關鍵　忠貞不二人

愛吻靈體升　時間要久遠

神祕手卷告訴我們，淨化七輪是「服侍聖事」，也是相當神聖的大事，因爲執行這個淨化七輪法，必須先呼請造物主的大能降臨。

由於根輪所設計的體驗場是爲了對照頂輪的愛與完美，所以集結了絕對黑暗的反作用力能量。因此只有呼求造物主的絕對大能下來，才能「與之抗衡」達到淨化的效果。

根輪的情慾能量（色）——對照造物主不可思議的大愛。

根輪的貪婪能量（財）——對照造物主的無限能量。

根輪的掌控能量（權）——對照造物主的自由選擇權。

造物主多麼的光明與有愛，根輪就對應了多麼的黑暗與不滿足。

操作的方式是**愛吻靈體**，且**時間要久遠**，更重要是這個淨化七輪法要**忠貞不二人**。也就是說只能跟自己的另一半執行，不得與非自己的另一半執行這個淨化法，而且還要用很長的時間來**愛吻靈體**。

忠貞不二人是執行淨化法非常重要的要求，因爲整個根輪的淨化效果，全都是仰賴造物主的大能產生，造物主只有一位，所以執行淨化法的對象也只能有一位。除了表達對造物主的尊敬與崇拜之外，更是讓聖事不落入情慾的邏輯與訓練。因爲我們是做服侍聖事，在服侍造物主，透過服侍讓肉體謙卑順服，爲轉化整個根輪的業力做好準備。

淨化法跟提升靈體的能量有關，因此我們把共修的另一半稱爲「靈魂伴侶」，表示這超越了一般的夫妻關係和情侶關係。

時下男女性觀念開放，造成的問題是根輪的業力交叉感染，間接導致各種性病產生。你跟一個人發生性行爲，不是表象的只有性器官接觸而已，它是整個根輪的業力互相交換。好的能量會被負面能量吸取，讓自己沾染了他人的業力後，生命能量開始變得黑暗。

這也就說明，爲什麼喜歡尋花問柳或與不同對象發生性行爲的人，之後他的運勢會變差，腦筋思緒會變緩慢呆滯，精神不濟，身體健康開始走下坡的原因。

我們看到很多中小企業的老闆，在事業有成之後，開始涉足風月場所，沉溺於感官刺激的同時，也是公司開始出現危機和問題的時候。

所以「忠貞」不只是道德上的口號而已，在無形上它是吸引造物主的大能來轉化生命能量；在有形上它更是保護自己的生活，不要受到污染和侵害的根本做法。爲了自己的健康，自己的未來，重新看待性的神聖與意義，是現代人必須面對的重要功課。

接下來將淨化法執行步驟完整呈現，再透過解釋，讓讀者完全清楚淨化法的不可思議。

首先，靈魂伴侶在完整的清洗潔淨後，選擇一個可以完全放鬆和自在的環境，好爲長達六個小時以上的服侍聖事（根輪淨化法）做準備。

呼引大能來　服侍聖事先

靈魂伴侶交叉握住彼此的手，形成一個無限的∞字樣，然後閉上雙眼，誠心呼請造物主的大能降臨，時間約莫3分鐘。

禱詞：恭請至高無上的造物主大能降臨在我們之間，讓我們可以圓滿完成這神聖的服侍聖事（一遍）。恭請至高無上的造物主大能降臨（專注誠心的默念3分鐘）

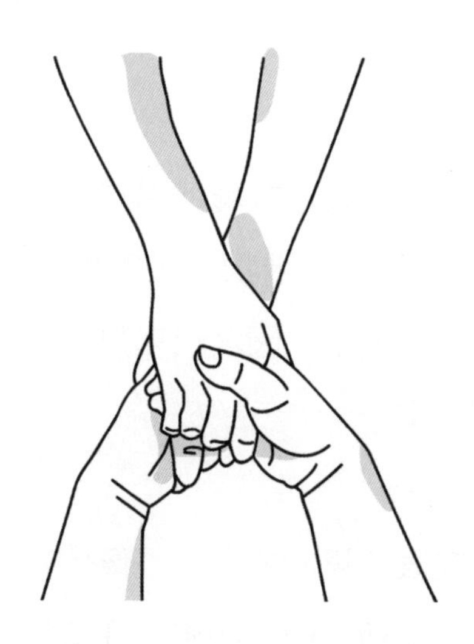

靈魂伴侶交叉握住彼此的手

一人為神子一人為主宰

神子謙卑服侍主宰

用愛吸引大能到來

開通根輪成旋風

淨化真言轉六輪

在服侍聖事中，要把靈魂伴侶想像成是造物主一樣的服侍他（她）。因爲是服侍造物主，所以服侍的人要心存謙卑且投入熱情的執行聖事，因爲謙卑熱情的愛，就能夠將造物主的大能吸引下來。

這個部分在表達思的方向，很像佛教中即身成佛的觀想法。觀想自身的清淨法像，如佛一樣毫無分別，佛即是我，我即是佛。只是淨化法是更高層次用服侍造物主的觀想方式，表達神子對至高造物主的崇拜與順服。在執行淨化法的過程中，將觀想與觸感合而爲一，不只是觀想的自我想像（思），還有觸感（行）的一起引動，將思、言、行一氣呵成，成就最高的能量結果。

開通根輪成旋風
淨化真言轉六輪

這裡提到了「言」這個部分，與上句是同一個連結。當根輪被淨化時，會形成一個強大的能量振動，變成是協助靈體往上的動能。

這時候就要透過唸淨化眞言分別淨化六個輪位，讓靈體可以透過淨化眞言的力量，順利將每個輪位完整開封。

淨化眞言由十二個字組合而成：**造物主！我信賴祢，我非常愛祢！**

這段神祕手卷的文字眞是令人讚嘆，同時將上述幾個章節的文字全部一以貫之。

第二章談到思、言、行是創造結果的步驟，而感情狀態是成就結果大小的關鍵。

思——自己是神子在服侍造物主。

言——唸淨化眞言。

行——投入熱情執行根輪淨化法。

一人爲神子一人爲主宰

造物主是愛。愛是一切的答案。所以靈魂伴侶先透過禱告將造物主的大能引動下來，認定大能如同是造物主在另一半的身上，然後謙卑的執行服侍聖事。這就是在思上的認定，認定我們是在服侍造物主，而不是伴侶之間的情慾發洩。

這個觀念非常重要，因爲能產生淨化能力的是造物主的大能，所以執行服侍聖事是跟著造物主的大能併進。換言之，我們藉著這樣的淨化法，在服侍造物主，所以這才是聖事，一個帶著造物主的大能來進行轉化的奧妙。

神子謙卑服侍主宰

用愛吸引大能到來

這段就是在形容服侍聖事該要有的態度與感情狀態。

因爲是服侍造物主，所以我們要非常謙卑順服的來執行這件聖事。同時要投入極大的熱情和愛，藉著這樣的態度來吸引造物主的大能眞正降臨。

造物主是愛，只有愛能夠吸引祂。

願意用這種態度來執行服侍聖事的人，等同也間接承認自己就是神子。

淨化真言轉六輪

這句話揭開了“言”的內容與功用。

用淨化眞言來淨化根輪以上的六個輪位。

淨化眞言由十二個字組合而成，其威力大到可以將被封住的輪位，開啓淨化的功能。

「造物主！我信賴祢，我非常愛祢！」這十二個字組成了不可思議的淨化眞言。

思——認同造物主，透過禱告呼請造物主的大能降臨。

言——造物主！我信賴祢，我非常愛祢！

行——執行服侍聖事

感情狀態——謙卑順服，熱情投入

所以先透過禱告，然後投入熱情的執行服侍聖事。執行過程中，也要不斷地默唸十二字淨化眞言。

十二字淨化真言的威力

這個世界沒有任何的經文、咒語能夠比得上這十二字淨化眞言。

一切來自於造物主，任何的幻象也只有造物主可以破解。我們的本來面目是造物主所造的神子，想要還原回去也只能跟造物主求。

沒有任何人，任何東西有能力可以讓我們達到還原的境界，除了造物主以外，沒有其他。

十二字淨化眞言的第一句就是「造物主」，破解了一切幻象與虛名，一切都是造物主，最後的答案也在造物主身上。

造物主，我信賴祢！

「我信賴祢」是表達將生命和生活全然的交付給造物主，由至高全能的造物主來帶領和保護我們。這是一種回歸到早已受到祝福的聲明，也是脫離業力最直接有效的方法。

因爲一切來自於造物主，只有造物主可以解決一切的問題，若造物主無法解決，任誰也解決不了。

造物主，我非常愛祢！

造物主是愛。愛是宇宙唯一的答案，也是最強大的力量。

所有的問題都是從離開了愛（造物主）開始，因愛不滿全而創造了一切的問題與衝突。

「我非常愛祢」是破解當下幻象，直接還原成神子的聲明。

只有神子可以這麼直接的愛造物主，這個愛也同時揭開了一切謎底和宣告這場華麗冒險的結束。

造物主！我信賴祢，我非常愛祢！

當這十二字淨化眞言全心全意唸出口時，整個宇宙將爲之振動。也只有「造物主」這個名號可以達到這樣的層次與效果。

常常於生活中誦唸這十二字眞言，將可以獲得下列殊勝的結果：

1、消除肉體的負性能量與干擾，讓生活呈現正向。

2、趨吉避凶，淨化一切負面的人、事、物。

3、透過無妨害的事件發生，來增進靈體的覺醒與智慧（協助肉體找出問題）。

4、調整肉體的健康狀態，強化活力與元氣。

5、增進正面的直覺力，開創財富結果。

6 、貴人與機會不斷，諸事順心，所做皆能獲得成就與圓滿。

7 、讓靈魂意識快速彰顯，回憶起本來面目。

8 、提升家運、事業運、財運等能量，並護持全家人遠離一切凶惡及不祥之事。

9、渡化祖先亡魂離苦得樂，讓後代子孫脫離未淨化的祖先亡魂干擾與傷害。

10、化解個人冤親債主的干擾與傷害，成就富足喜樂的圓滿生活。

11、開發肉體的特殊功能，見證神性的完美與偉大。

這十二字眞言也可以濃縮成六字眞言：**造物主我愛祢！**在緊急危難的時刻，立即誦唸出來，可以與造物主的大能直接相應。

能時時誦唸十二字淨化眞言的人，可以說是返回源頭的保證，更是讓自己在當下的生活中，處於神子被祝福的狀態。

舌轉三角骨　手撫毛皮處

安慰靈體有感動　協助轉化離原處

如秋風掃過落葉　輕柔緩慢是真珠

這段話開始教導執行服侍聖事的方法。

用舌頭輕舔另一半的三角骨，雙手輕撫全身的每一寸肌膚，而這個動作是在安慰困在肉體許久的靈體。因三角骨位處根輪之處，在輕舔的過程中，夾帶著造物主的大能同步淨化根輪，並給予靈體充分的能量，協助離開能量源的位置，順著中脈向上回到頂輪。

如秋風掃過落葉　輕柔緩慢是真珠

所有的動作都要輕柔緩慢，如同秋風掃過落葉一樣。這段文字再度說明：根輪淨化法就是服侍聖事，藉著造物主的大能轉動淨化的力量。它不是出於情慾，而是謙卑順服的服侍，所以沒有狂野的激情，也沒有急於性交的衝動，維持長時間的**輕柔緩慢**才是王道。

舌轉三角骨

舌頭舔法爲用舌尖在三角骨的每個地方轉圈圈，偶爾用雙唇吸吮著，整個動作要緩慢，而且時間至少要兩個小時以上。

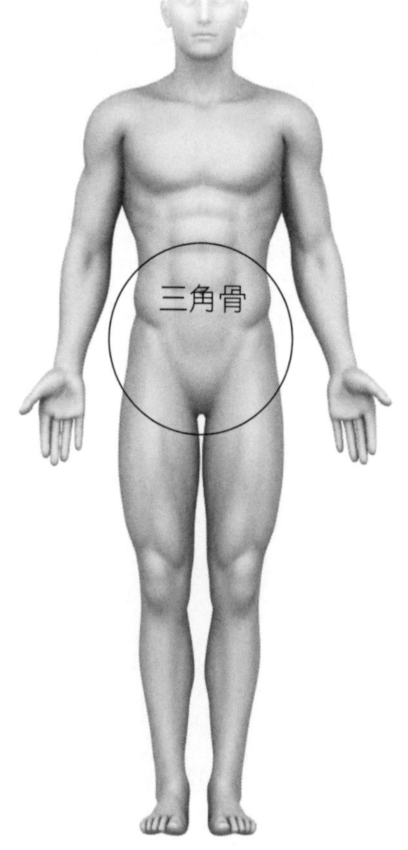

另外，與三角骨形成一個共振區的部位也必須同時進行。男性的乳頭、陰囊、淋巴區以及女性的乳頭、陰蒂、淋巴區，都要用舌尖旋轉處理。

功能：三角骨為靈體所處的位置，用舌尖輕舔和雙唇吸吮，可以安慰靈體因離開源頭太久，而產生的「思鄉」之情。這思鄉之情，正說明了為何每個人在有些時候會有說不出來的莫名悲傷。

同時藉著造物主的大能帶入，讓靈體開始吸取足夠的能量，並順著中脈向上，一個個將封住的輪位開啓。

手撫毛皮處

當完成了根輪淨化法之後，接著就要用右手於身體七個輪位處做旋轉淨化。用指尖順時針旋轉輪位，動作一樣要輕柔緩慢，時間至少二個小時以上。

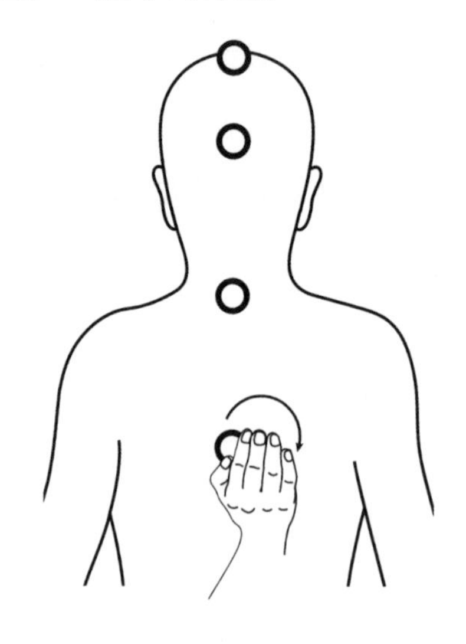

極陰之地要處理　集體業障之所在

服用極黑與極綠　排毒除障淨七輪

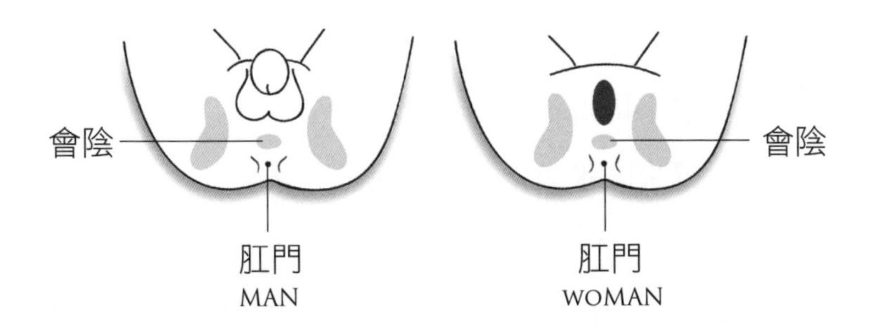

接著神祕手卷提到了會陰穴這個位置。

會陰穴是代表人體極陰的地方，對應頭頂（頂輪）極陽的百會穴。

會陰穴是衆生業力的聚集地，它吸引肉體墮落同時拉扯靈體向下，所以稱爲集體業障之所在。

爲了防止在服侍聖事時，因對造物主尚未具足強大的信德與愛德——我信賴祢，我非常愛祢的標準，要服用**極黑與極綠　排毒除障淨七輪**。

服用極黑來排毒和消除業障。

服用極綠來同步淨化七輪與保護七輪。

什麼是極黑與極綠？有造物主的大能爲何還需要它？

極是極致、最頂級、最高的意思。極黑就是最頂級的黑和最高級的黑，而且還需要具備有排毒和除業障的功能。極綠就是最頂級的綠和最高級的綠，而且還需要具備有淨化七輪的功效。

透過生物學家的指導，極黑指的是黑蒜，而極綠指的正是綠藻。

食物經過30~45天的發酵之後，會變成黑色。也就是說發酵到極致的食物，因其分子組合改變了，呈現出來的顏色都會變成黑色。

其中以蒜頭經過30~45天完美發酵變成黑色後，最符合排毒和除業障的效果。

在日本醫學博士及美國國家癌症研究所的報告中，指出黑蒜在經過發酵熟成後，能使“生大蒜”的蛋白質轉化成爲人體每日所必需要的18種「胺基酸」。通過白老鼠試驗證明，黑蒜頭的有效成分可提高免疫力。在具有抗氧化功能的300多種食品中，黑蒜的抗氧化能力名列前茅。而其內含豐富的“大蒜素”，即使稀釋了10萬倍亦能在瞬間殺死“傷寒桿菌”、“痢疾桿菌”和流感病毒。

黑蒜的主要功效被證明爲：

1、殺菌消炎　2、抗腫瘤作用
3、預防心、腦血管疾病　4、促進毛髮增長
5、增強免疫功能　6、抗衰老
7、健腦益智　8、營養學功效
9、保護肝臟　10、調節血糖水平
11、黑蒜可以治癒愛滋病繼發性感染
12、黑蒜可降低患前列腺癌的危險

業障爲一種黑色物質，在無形上會干擾人的精神與意志

力，在有形上則是以產生疾病的病毒和病菌表現出來。透過服用極黑之物來與之抗衡，同時排除肉體囤積的毒素，也避免在服侍聖事時，因雙方對造物主的信德和愛德不足，而無法完整引動造物主的大能下來，並受到業力感染產生疑慮。

另外在文獻報告中，綠藻是三十億年前地球誕生第一個能產生氧氣的生命，也是第一個單細胞核酸物質。同時孕育了萬物，讓地球適合人類及其他生物的繁衍。

綠藻含有人體一天當中所需要的一切養分，是人體獲得能量百分之百的天然食品。它是一種最古老的綠色生物，可以對身體起相當強大的淨化作用，對於受到污染的輪位，具有修復和潔淨的功能，對靈體有很大的助益。

當然消費者在選擇時也必須特別注意極黑和極綠的來源，莫被不肖商人哄抬物價，花錢卻買到沒有品質認證的產品，不但沒有助益反而傷害了身體和能量。

服用極黑與極綠　排毒除障與淨七輪

在執行三角骨和會陰穴的淨化時，建議先塗抹極黑之物，這樣在**愛吻靈體**時比較不會受到干擾和阻礙。

平時也多食用極黑和極綠之物，保持身體和輪位的潔淨。

另外，在執行淋巴部位淨化時，建議可以塗抹極黑之物後熱敷一分鐘，然後輕輕用手掌全部搓揉約十分鐘，可以達到強壯五臟六腑的不可思議效果。唯第二天因產生排毒會有酸痛紅腫現象，實屬正常不用擔心。

如此服侍眾人皆在　集體淨化不可思議

宇宙萬物皆是一體　因為一體所以息息相關

你是我　我是你　雖相不同　但同源同體

這段話又說出了一個驚人的事實。

如此服侍眾人皆在　集體淨化不可思議

這段話的意思是：別以爲服侍聖事只是兩個人在執行而已，其實是引動了整個宇宙萬物一起加入淨化的行列。

對應上句**極陰之地要處理　集體業障之所在**，表明了一個人的業障實在是與衆生的業力相通的。我們都活在一個集體意識裡互相交流，互相影響，而不是一個獨立的個體，是群體裡的一部份。所以所做的會影響到其他人，其他人做的也會影響到自己。

宇宙萬物皆是一體　因為一體所以息息相關

你是我　我是你　雖相不同　但同源同體

這段文字則在說明眾生爲何是一體的。

現代量子物理學已經非常清楚地說明：整個宇宙萬物是一體，是一個超弦場、統一場。所有的物質實際上都只是一種波動的現象，都是由「心」想而「生」，跟聖人佛陀揭開的「萬法唯心造」一樣。而心生就是性，不光只是講性愛，任何由心所生出的念頭皆爲性。

這是一般人所無法理解之事。這個世界是由一堆粒子（波的元素）所構成，但事實上所有的粒子只有一個。它們看起來好像在3000個不同的位置上，但你測量任何其中一個粒子，你不會得到三千分之一的重量，而是全部。因爲它是同一個粒子，是不可以被分割的。

——美國耶魯大學物理學講師 杰夫利・薩丁諾夫——

在某些我們肉眼看不到的深層次裡，所有的粒子都是同一個，空間乍看是不同，但是都是同一個。一切都是由波動形成不同的組合，思想才是主宰的關鍵。

——美國原子科學研究所高級科學家 迪恩・萊丁——

由科學家和哲學家揭示的最深層次的眞實，就是大一統的基礎實現。從最深層的亞核世界的存在來看，你和我都是一體。只因思的不同造成波動的不同，而形成不同的樣貌。

——歐洲核子研究中心物理學教授 約翰・哈格林——

《華嚴經》云：一切法從心想生。

聖人佛陀比喻人生是夢幻泡影，夢中的自己是自己妄念所造，夢中的別人還是這個妄念所造，夢中的人事物和環境全部都是這個妄念所造。

所以簡單的說，整個宇宙都是自己的分身，自己的轉世，只因衆生有時間和空間的錯覺，還有妄想、分別、執著，所以不知道眼前的人事物、環境、整個宇宙都是自己的一念妄心所生的境界相。

幾千年前聖人佛陀的見解跟現在物理科學家的印證一模一樣，這更直接與神祕手卷的**“原始之初，造物主用愛創造了萬物，眞子被賦予無限的創造能力和自由選擇權”**的啓示是一致的。

造物主用愛創造了我們，所以我們一模一樣。一樣被愛創造，一樣擁有無限的創造能力和自由選擇權，或許後來的個別創造展現和選擇角度有所不同，但通通是在萬能造物主愛的能量裡行使彰顯。

聖人佛陀說：這些帶有訊息和意念的人、事、物，都藏在自己的記憶庫，只是這些念頭和訊息實在太微細了，加上眾生的妄想、分別、執著又特別嚴重，所以無法契入眞相的境界，看到這麼微細的念頭其實都是自己的妄念所產生，當然也不記得自己曾經做過什麼事，起過什麼妄念。

但只要能放下對於一切人、事、物的妄想、分別、執著，我們自性本具的神通、智慧就能恢復，跟佛陀是無二無別的。

至此已經明白指出我們是一體的重要觀念，只是人類會忘掉這個重要的眞理，關鍵在於代表反作用力的肉體。

但至少我們透過聖人的教誨與科學家的驗證發現後，必須慢慢理解這些眞相，爲彰顯內在的“神子”而努力。體會和理解眞相實在是現代人的當務之急，因爲**只有“思”先認同了眞相，才有可能藉著淨化根輪回憶起本來面目**。

唯有進入集體意識　方證同源實相

最大就是最小　最小就是最大

又小又大　又大又小　實無差別

能悟此理　即顯真相

唯有證悟是一體，才能沒有分別心，沒有分別心就會放下執著，沒有執著就能還原。

但就是因爲失去“記憶”而無法領會衆生是一體的智慧，所以神祕手卷點出：**唯有進入集體意識，方證同源實相**。

意即忘了沒有關係，只要願意走入集體意識，從尊重彼此開始，保守集體意識的和諧，爲整個集體意識付出，就能從中感受和體悟“同源實相”的道理。原本的智慧和能力就會在這時候開始顯現，因爲從爲他人的服務中，清楚每個人都跟自己一樣，因爲愛的投射而體悟彼此的關聯性。

所以從另一個角度來看，能彰顯不一樣的能力與智慧，是因爲懂得進入集體意識，尊重集體意識，護持集體意識的結果。

古代聖人與佛菩薩完全明白衆生同體的道理，所以自然生起慈悲心，助人不求代價，他們知道助人就是助自己。

新時代書籍也有相同的論述，如何證明你有，就從你給出去了什麼！給出愛的就代表你有愛，而愛又吸引愛回到你身上，形成一個強大的正面循環。

不給就代表你缺乏，缺乏只會吸引更大的缺乏到來，本來面目所擁有的東西就無法彰顯出來。

聖者如何證實已經成聖？就是無所畏懼一直給予內在本有的東西。一直給予本來面目的東西，就證實已經證悟了本來面目的境界。

所以施比受更有福，是因為透過施，表現出所擁有的東西。所以要讓自己不缺的法則就是給予，給予一切所擁有的。它不見得是金錢，可以是眞理、眞相，但**服侍聖事卻是一個能夠完整給予，且能產生不可思議的偉大奧妙**。

根輪是衆生的業力所在，而在服侍聖事中，將造物主的大能呼求下來。透過造物主的大能來淨化根輪，就如同衆生的業力也被洗滌乾淨一樣。根輪又代表了一切不如意的負面能量所在，衆生在這個業力網裡被扭曲到動彈不得。

但現在不一樣了！只要有人願意眞誠的執行服侍聖事，等於在協助衆生“消業障”，化解所有的壓力與一切負面的結果。

當初造物主創造了萬物，萬物的本質都一樣，所以愛萬物等於愛自己，傷害萬物也就等於傷害自己。從另一個角度來看，不愛自己等於不愛造物主，不愛他人也等於不愛造物主，因爲我們是一體，無從分別。

聖人佛陀曾嚴斥“小阿羅漢”，斥責他們獨善其身只知提昇個人境界，不懂“同體大悲”的關聯性，所以永遠無法到最高境界。

這也是爲什麼新時代裡的冥想、靈修、靜坐等，都無法眞正有效改變個人情緒的原因，到了一個階段就會遇到瓶頸，接下來就是挫敗的開始。

每個人外相雖不同，但本質卻是一樣，互相連結在一起。當沉浸在所謂高層次的境界時，其他活在假象中尙未淨化的神子，就會拉住你，干擾你，不讓你往上。因爲大家都是一體，發光者一現光，必吸引其他黑暗的自己前來吸光。

所以聖人佛陀就明講：大菩薩的工作就是不斷教化衆生，哪怕受到了傷害和攻擊，他也不會停止。因爲大菩薩知道衆生皆是一體，教化衆生就是在教化自己的分身，當自己的分身都圓滿了，即能合一證上佛陀果位。

而只想獨善其身證悟高層境界的人，最後不但達不到，反而會遇到更多的瓶頸和挫敗。所以眞正的大菩薩都在教化尙未明道的衆生，絕不會只進入提升自己的各種修練中。

從很多教導冥想、靈修、靜坐老師們的言行中，可以發現其私下情緒反覆、權威、孤癖，即知其靈修方向已走偏了，不符合集體意識的道。

從下面眞人眞事的文章描述，或許可以讓讀者更心領神會，本心自然不需要向外追逐和尋找，放下就能還原，並彰顯內在不可思議的本能。

有位美國醫生去澳洲跟土著生活了四個月，寫了一份報告。她的報告中盡是彰顯人內心深處最不可思議的本能。

澳洲土著的男女都是赤身露體，過著原始人的生活，晚上都睡在樹底下。政府幫他們建房子，他們只是把小房子當作倉庫，頂多放些食物和雜物，人根本不住在裡面。他們完全融入在大自然裡，認爲自己就是無限宇宙的一部份。

他們生病時，單單使用唱歌，就可以把病“唱好”。

他們認爲生病就是身體的氣卡住了，透過音韻的波動，讓身體的氣調順，果然疾病就眞的好了。

或者把精神集中在生病的地方，然後整個人放鬆的注視著發病區，生病的地方就能恢復正常。他們完全不需要用到醫藥，也不需要什麼診斷儀器。

他們能跟遠方的人通訊，不需要用到現代的通訊設備。即使在幾十公里、幾百公里外的地方，他們用意念就能溝通，只要人在地上一坐，放下一切雜念，感應通訊就開啓了，不但能聽到聲音，還可以看到想看到的人在那裡幹什麼！

生活上全是使用人的本能，所以他們說自己是眞人，而說我們現在這個社會上的人叫變種人。

聖人佛陀直指：只要我們放下分別執著，不必多，只要放下執著就行了，人的本質潛能就可以開始妙用（註）。六種神通是我們的本能，個個都有，但爲什麼會失掉呢？就是因爲分別心、執著心太重，未能體悟衆生皆是一體的眞義，只知突顯個人的作爲和需要，所以引動不了大能，久而久之能力就失掉了。

按照物理學家的角度來說，你要引動大能是引動3000個粒子，而不是你自己一個粒子，個人的粒子扛不起其他2999個粒子之重量。所以你必須徹悟：一個粒子等於是3000個粒子，3000個粒子等於是一個粒子，你我不能分別，一分別即分散無法合一。

【註】聖人佛陀把錯誤的見解歸爲四大類：

- 第一個是身見，我們執著這個身是自己。如同手卷一再強調我們屬靈不屬物質。
- 第二個是邊見，邊見就是對立，不認同別人與自己一體。
- 第三個就是見取見和戒取見，這兩種都是我們中國人講的成見，對某人成見太深，這是錯誤的。
- 第四個是邪見，就是一切錯誤的觀念。

這些東西統統沒有了，你就能恢復能力了。就像土著一樣，我們看不見，他能看得見；我們聽不到，他能夠聽到。即使位在遠方的親朋好友，你也能看到他現在在做什麼，聽到他在說什麼。甚至還能跟不同維次空間的衆生溝通交流。

聖人佛菩薩都知道，遍法界虛空界是「何期自性，能生萬法」，所以萬法是自性，體是自性，自性是一個，所以他的慈悲沒有條件，沒有原因，無緣大慈、同體大悲就自然生出來了。

所以眞懂得集體意識的人，他對衆生的愛護、尊重絕對沒有條件，這是覺悟的人和進入眞相的人必然會做的。

相對，尙未覺悟的人，其所謂的愛都有其動機和企圖。必須清楚了解我們都是一體沒有分別，都是同一個造物主用愛創造出來的結晶，都擁有相同的能力和本質。接著你就會認同：**最大就是最小，最小就是最大，又小又大，又大又小，實無差別**，只是面向的不同罷了！

所以結論就是：

你＝我＝他＝你

現代西方科學之父愛因斯坦評論說：「未來的宗教將是宇宙的宗教。它應當超越個人化的神，避免教條和神學，涵蓋自然和精神兩方面。它的根基，應該建立在整體宇宙意識之上。」

聖人佛陀在三千多年前就講了宇宙人生的眞相：時間和空間是人類的錯覺！就因這個錯覺，我們以爲我們不同。科學之父愛因斯坦即透過相對論証明：「空間與時間僅僅是人類的錯覺。在某種條件下，空間與時間都可以消失。」愛因斯坦並說明：「宇宙中並非眞實有物質的存在，所有的物質實際上只是一種場，很大的『場』（空間）而已」。透過念頭所產生的波動，形成了形形色色的不同面向，體悟了這個道理後，即能**顯出眞相**。

現代量子力學的科學家們更發現，物質實際上都只是一種波動的現象，都是從心想生的。至此更確認，我們不屬於肉體屬於精神體，內在靈體是我們的眞相，肉體是反作用力，無法永生會毀壞消失。

如此服侍眾人皆在　集體淨化不可思議

透過上述深入說明衆生同體的眞相，終於可以確信服侍聖事不只是兩個人在執行的事。因爲根輪會稱爲業力網，即代表它是所有衆生的業力所在。

造物主等於所有萬物，一切總和等於造物主。

我是你，你是我，我在淨化根輪等於你在淨化根輪；你在淨化根輪等於我在淨化根輪。所以靈魂伴侶在執行服侍聖事時，不只是單純的兩個人，而是所有衆生跟著一起加入淨化，這集體淨化是多麼的不可思議啊！

難怪淨化根輪的第一步驟，就是要呼求造物主的大能降臨，因爲只有造物主的大能才有辦法淨化衆生的集體業力。

根輪是關鍵中的關鍵

非靈體出處卻是轉化肉體的唯一方法

神秘手卷又再度強調，這淨化根輪之法是所有萬法中最殊勝最關鍵的方法。

它在思、言、行上同步與造物主共振，引領眾生一起走向淨化之路，同步破解業力網的反作用力，解決了自己和所有人的問題。

非靈體出處卻是轉化肉體的唯一方法

靈體並不是從根輪生化出來，祂是造物主所造在頂輪之上。所以靈體不是透過男女性交而誕生下來，只有肉體是。

雖然靈體並未真正受到根輪業力的傷害，但也只有從根輪下手才是轉化肉體的唯一方法。

從另外的角度來看，對於有經濟壓力且又需要放鬆和調節身心的人而言，根輪淨化法反而是一種不用花錢且隨手可得的“娛樂”。畏於全球整體經濟不景氣，且日常生活用品和水電瓦斯等價格不斷上漲的壓力，根輪淨化法是非常好的能量淨化，可以爲身心靈帶來更多的正面能量，同時透過引動造物主的大能，協助解決當下已然面臨到的問題。

轉世奧妙皆為此

陰陽陽陰又陰陽

陽陽陰陰　陰陰陽陽

實證中脈不陰陽

不分陰陽歸家鄉

這段神祕手卷的文字，說出了每個人在這場華麗冒險裡都會經歷的角色變化。

造物主不分陰陽，是陰陽合一的圓滿精神體。當我們離開源頭爲了體驗本來面目爲何物，而進入這場華麗冒險時，我們就從圓滿的本性裡分裂爲陰陽個體。

轉世奧妙皆為此

陰陽陽陰又陰陽

所有進入這場華麗冒險的神子們，都會經歷一模一樣的體驗過程。

爲陰爲陽，爲女爲男。

爲陽爲陰，爲男爲女。

我們曾經在輪迴轉世的過程當中，扮演過男人和女人。也就是在陰陽兩種能量裡，我們充分體驗陰陽的不同。

陰陽陽陰又陰陽

這一世我們扮演男人，與女人修愛修合一；下一世我們扮演女人，與男人修愛修合一，直到與對立的個體（陰陽）修出愛爲止。

現代醫學已經證實，雖個體爲男性但體內有女性荷爾蒙存在；同理，個體爲女性但體內也有男性的賀爾蒙存在。這證實了中國古老經典易經所言：陰中有陽，陽中有陰；獨陰不生，獨陽不長。每個人都具備了陰陽兩種力量，不可能有純粹的陰或純粹的陽，它是一體兩面，互相支撐互相消長。也因爲兩者皆有，我們才有選擇這一世想凸顯哪個性別（陰陽）的權力。

陽陽陰陰　陰陰陽陽

實證中脈不陰陽

當我們體驗了陰陽的不同後，接著會開始進入各自還原的階段。

陽陽——男男。

陰陰——女女。

陰陰——女女。

陽陽——男男。

換句話說，當靈體經歷了男女變化與跟男女修合一修愛之後，下一步就要還原到與自己同性別的個體修合一修愛。

這個部分的神祕手卷完全提出了與現今觀念不同的論點，也對我們傳統的認知投下一個相當大的震撼彈。

當我們分別體驗了男女（陰陽）狀態，同時與男女（陰陽）完成了合一與愛的課題後，接下來就開始要讓自己分裂的陰陽各自還原回來。

所以這一世我們扮演男人，與男人修愛修合一。下一世我們扮演女人，與女人修愛修合一，直到與同性的個體（陰陰陽陽）修出愛爲止。

這代表同性戀是一個自然的天性，也是每個人在某個時間點上都會出現的體驗狀態，甚至還是準備還原的最後過程！

實證中脈不陰陽

經歷了陰陽、陽陰的體驗與圓滿後，最後一步是還要進入與同性的體驗與圓滿，直到實證了中脈（源頭）的圓滿自性，是不分陰陽的完整個體。

神子是造物主所造，本來面目與造物主一樣，是一個具足陰陽兩股力量的圓滿個體。這兩股力量不分彼此，在一個圓裡同步運作同步成就。

而為了體驗本體自性為何物的需要，原本在一個圓裡同步運作的陰陽，現在變成分裂的兩股不同力量——陰和陽，形成了作用力和反作用力的出現。

陰陽合一是愛。原本我們都是陰陽合一的個體，是愛的存在與證明。

但爲了這場華麗的冒險，我們讓自己分裂成兩個不同的個體——陰陽，最後再透過外在的不同個體，讓自己內在的陰陽合一，還原本來的面目與本有的圓滿狀態。

若說有修行，修行就是找回圓滿的自己。這也是上述文章所說：我們怎麼從源頭離開，就要怎麼回到源頭。

不分陰陽歸家鄉

當我們從分裂的陰陽當中，明白了沒有分別，陰陽都是自己的一部分時，我們才終於覺悟到一切都是體驗的需要，都不是眞實的狀態。當不再有分別，能包容一切，就是準備回歸源頭的時刻了。

所以再度回到原點:愛是唯一，除了愛以外，沒有其他。

不論是異性戀或同性戀，都是體驗過程的需要，也是每個人都會出現的狀態。

用喜樂協助靈體出離

重重將反作用力拋棄

你要高歌如雀鳥

你要舞動如飛雲

神祕手卷告訴你除了淨化根輪這件重要的大事外，在平日生活的態度上也必要做到**用喜樂協助靈體出離，就能重重將反作用力拋棄**。要喜樂的過生活，每分每秒都活在快樂的頻率裡，這樣就能協助“靈體”脫離肉體的制約。

原來造物主用愛創造了我們，當初靈體存在的源頭充滿著愛和喜樂的波動，所以現在要透過喜樂的能量，將內在的靈體吸引出來，透過喜樂的頻率讓祂感覺如同在天上的國度一樣，可以自在的“表現”和“運作”。

透過喜樂的頻率將靈體彰顯出來後，就可以將反作用力重重的拋棄，變成是靈體操控肉體——眞理取代了假象，不再是肉體操控靈體——假象掩蓋了眞理。

所以反作用力的大敵就是喜樂，只要我們時時刻刻處在喜樂的波動中，反作用力就無法全盤掌握，控制我們的思言行。

重重將反作用力拋棄，手卷用了“重重”這兩個字，也意指**用喜樂協助靈體出離**的喜樂，是要大大的喜樂。這是一個相對應的比較用詞，也代表唯有大大的喜樂，才能將靈體完全彰顯出來，這個“大大”是一個絕對的立場，百分之百的融入。對照造物主的無限大能，我們絕對相信天上的國度也是無限的喜樂，那是靈體的眞相也是原始之初生存國度的眞相。

你要高歌如雀鳥　你要舞動如飛雲

讀到這裡我們不禁要讚嘆造物主的偉大與智慧，因爲在上一章節即講明，本心自然不需要制度和方法，所以向外的一切絕對不可能找到眞理。但現在大大喜樂的方法竟然是要我們唱歌唱得很大聲，像麻雀一樣唱個不停；要用盡全力跳舞，就像天上的飛雲一樣變化多端。

唱歌和跳舞是人類的天性，自然而然就會。而這個「自然而然」就是道，所提供的方法仍然是在道中，沒有外求。雖然我們現在穿上了反作用力外衣是在受苦，但造物主卻早已把答案和方法給了我們。這個答案、方法，自然而然，符合天性，不需外求，大家通通都會，用自然的天性將內在的喜樂大大彰顯出來，一切是如此的自然而然。

在天空飛翔的小鳥，每一隻都是如此快樂的唱著歌，牠們不需要爲三餐煩惱，爲工作受苦，只要每天開心唱歌到處飛翔，造物主從來沒有讓牠們餓過一餐。反觀自稱萬物之靈的人類，每天都在爲生活、工作忙碌，內心盡是焦躁、悔恨和情緒，遠不如可以在天空中自由自在飛翔的小鳥。

原來我們都遺忘了本性，只要好好運用本性的能量，大聲的唱歌用力的跳舞，將內在最深層的喜樂激發出來，極盡的喜樂就是天國的寫照，運用天國的"寫照"來成就內在靈體的彰顯。

再也沒有比唱歌、跳舞這種方法來得喜樂和自然了，知曉了這個道理，我們只有發自內心的感恩，因爲一切皆出於天性，是那麼的自然而然，沒有外求。

宗教信仰會因個人的見解不同，產生意識型態上的衝突和對立，會衝突對立就不是「道」。唱歌和跳舞不分族群不分國度，是人的天性，而且沒有意識型態上的衝突對立，才是眞正的至高之法。

許多國家的專業人士已經開始注意到喜樂對人體的重要性。他們發現當一個人處在喜樂的狀態中，腦部會發射出 α 波，不但可以促進新陳代謝和提升免疫力，對於穩定自律神經產生正面思考，平衡情緒都有非常大的幫助。甚至有人提倡每天要三大笑，每次大笑不能低於十分鐘的自我練習，爲的就是讓身心處在一個喜樂的波動中，提高靈體“脫離”肉體的機會。

透過唱歌和跳舞將內在的喜樂發揮到極致，絕對是現代人應該要認眞執行的每日重點！

【七輪淨化法歸納】

1、兩人雙手交握後誠心禱告3分鐘

禱詞：

- 恭請至高無上的造物主大能降臨在我們之間，讓我們可以圓滿完成這神聖的服侍聖事（一遍）。
- 恭請至高無上的造物主大能降臨（專注誠心的默念3分鐘）

2、將極黑之物塗抹於三角骨和會陰處，用舌尖旋轉輕舔整個根輪部位至少二個小時。

3、執行服侍聖事時，兩人心中皆要默唸十二字淨化眞言，簡短的六字眞言也可以，讓服侍過程中，每個思都有造物主的意識存在。

4、用手的指尖於每個輪位處輕輕順時針旋轉愛撫，同時於男性的乳頭、陰囊、淋巴區以及女性的乳頭、陰蒂、淋巴區，要用舌尖旋轉處理。

5、雙方可以隨時交換進行服侍，不要射精，只要長時間的愛撫和愛吻。

於執行九次服侍聖事後，就可以選擇射精轉換能量。

當透過不斷的服侍聖事後，慾望會降到最低，甚至不需要射精，只保持服侍上的喜樂與愛的感覺。

STORY 1

我跟老婆已經結婚二十年了，有兩個小孩，生活幸福美滿。

性愛次數雖然已無法跟早年相比，但仍然維持一週一至兩次的頻率。我們無話不談，連房事都能坦然溝通，讓彼此從每一次的性愛中得到最大的滿足。

親戚朋友都說我們是現代模範夫妻，天造地設的一對，令人心生羨慕。

我們也一直以爲如此。

直到最近，我發現內心常常會有不知名的情緒悶著，它讓我對生活產生了空虛感，總覺得有些不踏實。

我認眞檢視了家庭、工作現況，也曾經懷疑是更年期的問題而去做了健康檢查，但答案都指向一切正常。我跟老婆討論了這件事後，沒想到她早就跟我一樣有相同的情形。當時她害怕是自己的心理有什麼問題，所以還在自我觀察中沒有說出來。

後來我們決定加入靈修團體，期待透過對屬靈的認識，深入探索內心的問題。半年後，我們選擇加入了教會，因爲我們發現大多數的靈修團體，最後都用不同的名目導向金錢，似乎錢花得愈多才能愈認識自己，對於內心想要的終極答案沒有幫助。

直到進入教會，我們認識了造物主和主耶穌基督，內心的空虛感才得到了釋放。原來生命是由造物主所造，內在的空虛感是因為靈魂想與造物主合一的渴望所產生。我們透過主耶穌基督就能到達造物主那裡。

透過對造物主和主耶穌基督的信仰，我們夫妻的身心靈滿滿被充實了，對於生活的意義和目的有了一個明確的指引和方向。

我對主耶穌基督充滿了一種崇拜的狂熱，如教會所說透過聖靈的引動，會加深我對耶穌的愛。我曾經笑著對老婆說，不知為何我現在對耶穌的愛勝過於妳，而且腦子裡常會浮現耶穌的影像。

我也懷疑自己是不是有同性戀傾向，因為生平第一次對“男性”有這麼大的熱情和思念。當然這些疑問並沒有在教會找到答案，但有一個想知道如何更深入做好服侍神的念頭，一直在心中觸動。

我非常積極的參加教會各種活動，舉凡讀經、傳福音到公益活動等，我都沒有讓自己缺席，但總是覺得還缺少了些什麼。

直到有一天，我從網路上看到了一篇名為根輪淨化法的文章，當下讓我非常的震驚與讚嘆。原來服侍神可以這麼的親密，而透過神的力量將眾人的罪惡一一洗淨。

以往在教會讀經常讀到有關服侍神的啓示：神今天所追求的，並不是外面活潑的事奉；神今天所要的，並不是拯救罪人；神今天所求的，並不是得著人，幫助信徒更屬靈、更進步；神今天所有的目的只有一個，就是要人完全屬乎「我」，就是你們在「我」面前事奉「我」。神今天所有的目的，乃是「我」。

當時我並不是那麼明白該怎麼做到「在神面前事奉神」，我也透過禱告呼求神來引導我進入更深層的體會。直到讀了那篇文章後，我整個人茅塞頓開，明白在事奉神之前必須先明白神的旨意，而跟神先建立最親密的關係，內心對神沒有了界線和先入爲主的觀念後，才能進一步知道神的眞正想法。

在親密愛人的面前，我們無需包裝和掩飾，也只有是親密愛人的關係，我們才會完全明白對方的需求和想法。至於屬靈的造物主和主耶穌，我們該如何跟祂建立親密愛人的關係呢？

根輪淨化法提供了一個非常有力的方法。我與老婆分享討論後，決定按照文章上所講的方式來實驗執行。

不帶情慾的服侍聖事確實不同，我感覺到我更愛我的老婆，同時產生了一種深度觀照所帶來的寧靜。

以前我總認爲房事要激情投入，但引動造物主大能的根輪淨化法，卻讓我們更能深度的享受。

有一次老婆在爲我執行根輪淨化時，突然間我胸口感到一陣哀慟，然後嚎啕大哭起來。我看見從小因爲對父親極度權威的恐懼，在心底產生了一個很大的陰影，透過淨化竟將這個遺忘已久的陰影洗滌拔除。

我們也常常在執行根輪淨化前，向造物主禱告請求祂指引許多事，包括工作上的問題，家族之間的問題，個人未來生涯規劃等問題，都可以在執行根輪淨化後得到一個福至心靈的答案。

透過根輪淨化法，我們的夫妻關係、家庭、工作都受到了造物主的祝福與護佑，對於生命有了更大的動力與熱情。我們隨時接受造物主的指引，去成就祂的旨意和計畫，而我們也在不斷的靈糧增長中，感受到造物主最大的榮光與愛。

STORY 2

我跟先生熱戀七年才結婚，但結婚生下第一胎後我們的婚姻就宣告破滅！

產後我得了嚴重的憂鬱症，常會莫名的情緒激動與哭泣，夜晚失眠睡不著，白天精神恍惚無法集中，這個轉變讓我的先生倍感壓力與委屈，但因對我的愛，他總是默默承受。我知道他的身心其實是煎熬與痛苦的。

這個現象持續了近一年的時間才好轉，但我的身材卻也嚴重變形。162公分高有著80公斤的體重，雖然先生沒有說出半句怨言，但我自己清楚，那絕對是帶不出場見不得人的。

除了在家帶小孩外，絕對不陪老公外出交際應酬，甚至因爲自卑自己的身材變形，根本不讓老公碰我，而且直接要他去外面花錢找女人解決。就這樣跟老公的關係漸行漸遠，甚至已到了無話可說的陌生人狀態。

有時一個人獨自在家，看著冰冷的屋子，內心不禁悲從中來，是我把這個家毀了，是我害了我先生。

某日老姐來家中看望我，順便送了我一本“根輪淨化法”的小冊子。無心的隨意翻閱中，卻被裡面的一句話吸引：生命是一場華麗的冒險，所經歷的都是爲了與之比較體驗。

我認眞的從頭把它看完，激動的淚水不停地在眼眶裡打轉，活了這麼久，因爲這本小冊子才開始了解生命的意義與目的。

我決定要把失去的還原回來，我要親手重整這個家和先生的關係。

當晚我跟先生提出了要爲他執行服侍聖事的要求，他疑惑的看著我後立刻拒絕。他丟下了一句：怪力亂神！不要準備謀殺親夫就萬幸了。然後不屑的瞪我一眼，轉身到浴室裡洗澡去。

我耐心等候著，我知道我要負起一切的責任。

不久他從浴室裡洗完澡出來，我立刻上前拉著他的雙手，然後紅著眼眶跟他說對不起。我感謝他對這個家的付出，我跟他道歉這幾年來爲我所受的委屈。

當晚我用心爲先生執行根輪淨化法超過六個小時，中間他曾經打呼睡著，也會向我反映很舒服，還問我是哪裡學來的。

第二天早上醒來，先生已經去公司上班了，卻發現桌上竟然有已經煮好的稀飯和小菜。碗筷旁邊還有一張小紙條，我念著念著，整個眼眶充滿淚水：

老婆！謝謝妳昨天爲我所做的。

很舒服也很放鬆，

更重要的是我感受到妳對我的愛，

可不可以永遠保持這樣的感覺？

愛妳的老公

在週末時刻，我跟老公一起分享討論根輪淨化法，從此造物主開始走進我們的生命裡，同時將我們曾經走過的悲傷一一洗滌。

我開始感恩所有的一切，也用感恩的心來看待這個世界。

三個月後，我的體重不知不覺從原本的80公斤掉到65公斤，而且瘦得非常自然，我相信這一切都是根輪淨化法的功效。在執行的過程當中，讓我感受到愛和被愛的安全感，整個人恢復了自信和能量，身體機制也開始正常運作，我相信會回到之前最自傲的輕盈體重。

另外我發現用極黑塗抹在淋巴熱敷，排毒效果和恢復體力眞的非常有效。尤其熱敷後先生再用手輕揉輕推，整個能量完全滲透進去。每次做完都會跑廁所，而且會排出惡臭的黑色宿便。

大概在第三次的淋巴熱敷後，身體開始長滿許多會刺會癢的小紅疹，我不以爲意認爲應該是正常的淋巴排毒，整整一個月皮膚才恢復正常。從這次的經驗裡，體悟到無形的能量干擾是存在的，它看不到卻很眞實的影響著每一個人。我因爲產後憂鬱症陷入極大的負面情緒裡，這些負面能量在體內產生毒素又直接影響著我的健康。無形有形是一體兩面，身心靈更是彼此一起交錯影響，能知道生命的眞相和認識造物主是這一生最大的聖寵和禮物。

在執行根輪淨化法的半年後，我跟先生面對了一件已經封鎖住不想打開的內心祕密。

我會得產後憂鬱症，是因爲當看到懷胎十個月的小寶寶太像自己的親生爸爸時，我整個人就崩潰了。

在高一那年，被喝醉酒的父親強暴。那是我痛苦不堪的陰影，連母親都不知道這件事。

那個下午我滿臉淚水跟著先生訴說不願再面對的過往，他聽後也熱淚盈眶的緊緊抱著我。

感謝造物主！讓我在那個下午重生！也感謝先生的包容與承擔。他絕對是我這一世最完美的靈魂伴侶，我已經無所求了。

STORY 3

當肯和喬伊是一對男同性戀人。

他們的生活苦悶並不全然來自社會和家庭的壓力，還有一個恐懼就是擔心對方出軌。

克服了種種困難和家人的反對，最終兩人很幸運的可以生活在一起。但兩人的生活因沒有受到法律上婚姻的制約與保障，而讓彼此無法朝建立更穩固的關係前進。

當肯說：我無法接受喬伊每天到健身房運動時，那種隨時都在釣人的眼神。

喬伊反駁：當肯因帥氣的外型，常受到許多男同志的主動搭訕，我害怕失去他，只好讓自己更積極保持良好的體態。

但兩人也不諱言的承認，在以注重外型與體格的同志圈裡，確實會讓人迷失在表象中，而忽略維持關係需要的經營與投入。偶爾還是會有想與不同條件的人認識或發生關係的想法出現。

這確實是目前同志圈裡所面臨到的最大問題，大家都形於外的投射與追求，並不想深入經營兩人的關係，而讓自己空乏和虛偽的活著。

當肯和喬伊曾爲了這個問題，做了許多努力和改變，但沒多久，還是想在一成不變的日子裡有些不一樣的刺激，暗自的網路交友就成爲私下個人偷偷進行的行爲。

當肯：曾經想過分手吧！但短暫與不同的人暗地交往

後，發現還是喬伊最了解自己，只有喬伊最適合與我相伴到老。但內心總還是會有莫名的慾望蠢蠢欲動，覺得自己很賤和不安於室，怪罪喬伊在健身房釣人，其實只是想合理化自己在外偷吃的行爲。

喬伊：我很擔心老了會被另一半拋棄。認識不同的人，只是想萬一被另一半甩掉時，我還有其他的對象可以選擇。但事實上，反而每段關係都處理不好，感覺自己一直活在謊言中，對肉體和精神都是一種損耗。

兩人在一次的深夜對談中，各自坦誠劈腿的事實，從惱羞成怒扭打成一團，到最後互相擁抱的放聲痛哭，他們決定不再傷害彼此，徹底看清自己的恐懼和虛僞，讓心不再於無意義的關係裡沉淪。

當肯：到處認識人能成就什麼樣的關係呢？說實話還是肉體的發洩而已。一開始只是新鮮刺激，臉孔和身材雖然不一樣，但結果還是一樣，感覺很空虛。

喬伊：大家到最後其實也都亂了，在不同的謊言中被傷害和傷害別人，久而久之，不再相信任何人和任何事，唯一可以產生關聯的就只是性發洩。這種關係隨時都可以跟不同人發生，但整個人卻被內心的罪惡感和空虛感吞噬了。

在一次的心理諮商講座活動中，當肯和喬伊拿到了一本小冊子“根輪淨化法”。兩人讀完後如獲至寶，決定按照上面的方式，重整兩人之間的關係。

當肯：剛開始你很難融入造物主的概念中，因爲身爲同志就認爲自己比別人矮一截，無法體會造物主的愛會眞實地存在同志之間。

也應該說大部份的同志都不知道該怎麼去愛自己，不愛自己的人也很難去相信造物主的愛。

後來在幾次的嘗試後，我發現在做服侍聖事時，唸淨化眞言特別有感覺。那是一種說不來的感動，也讓我完整的看清楚喬伊。我後悔曾經對喬伊做過不忠貞的事，我知道花更多的心思氣力去維持這段關係是值得的。

之後，我不再受到其他人的吸引，只專注在跟喬伊建立關係，這也讓我有更多的時間和精力，去投入和完成之前想從事的品牌設計。

喬伊：不帶慾望的淨化法一開始眞的有點難度。當肯用舌頭愛撫我的三角骨時，就會讓人整個亢奮起來。後來透過持續唸淨化眞言，才開始能放鬆享受整個服侍聖事的過程。

幾次後，我發現原來性愛可以是這麼美好和滿足，跟之前只是精蟲衝腦的情慾發洩，簡直是天壤之別。

我的心開始變得平穩，同時感受被愛包圍的安全感。我不再害怕會失去當肯，因爲我知道當內在一直存有平安喜樂的氛圍，也會在外面吸引相同的頻率與結果。

我愛我自己，也持續透過“根輪淨化法”讓當肯更愛我；我也深愛著當肯，讓當肯透過我對他的愛更愛自己。

同性戀者因爲受到傳統社會的制約，無法正常建立同性愛的關係，所以渴望愛的意圖就被壓抑而扭曲成性發洩，這是一個極度需要愛的求救訊號。再加上沒有法律上的婚姻制約，放縱情慾和多重性伴侶關係，就成爲同性戀者被詬病和無法被認同的地方。

沉溺於性關係，正是內心極度缺乏愛的證明。不斷換伴侶，無法忠誠的投入一段感情的經營，只集中在性慾發洩和感官刺激，最後變成性成癮而造成精神上的病態。這也是同性戀者很容易因“愛不滿全”而產生的扭曲現象。

同性戀者在潛意識裡，恐懼得不到社會與家人的支持，在先天上就有不受肯定和認同的壓力，所以自己也很難接納自己和愛自己，進而無法學習愛別人和正確的經營一段感情。最後落入到追逐情慾和外表的假象裡，讓生命陷入茫然與更大的空虛中。

“根輪淨化法”或許是讓同性戀者在沒有婚姻的法律制

約下，能眞正建立深度關係的唯一方法。透過愛來消除被質疑的恐懼與傷害，進而在眞愛中重建自己的身心靈，喚醒屬於本有的幸福與光明的未來。

後記

POSTCSCRIPT

這本書花了很長的時間才完成，因爲希望讓每個章節都能有系統按照順序，完整的讓讀者明白整個神祕手卷所要啓示的意義。

我保留了原始經文與心得陳述的自然流露，再加上引經據典和新聞事件的佐證，期望可以讓讀者瞥見源頭之光與找到生命的喜樂。

最末有一張經過反覆研究和破解密碼的「轉化殊文」，是本書要送給讀者的“神祕禮物”。它是偉大造物主無條件的愛的恩賜，透過燒化後可以立即轉化DNA負面複製的能量。

這個DNA負面複製的能量，按照中國人的說法即是歷代祖先和冤親債主的干擾。這個干擾會影響後代子孫的情緒與運勢，讓事業、家庭都無法成就圓滿。同時這張殊文連居家磁場即中國人所講的地基主，都能產生淨化與帶給居住者身心平安的效果。

讀者可以在燒化殊文後，透過擲杯筊的方式印證，或是往生者會在夢境出現來證實轉化殊文的效果。

當然轉化殊文完全免費，往後有任何燒化的問題需要協助和解疑，也完全不需要費用。因爲眞理是不用花錢的，它就是造物主的大愛與不可思議的大能。

黑色麥克　2014.05.08 于台中

讀者好康回饋

1 | 造物主大能　轉化歷代祖先的負面干擾

時刻已到，造物主降下大能慈悲給予轉化殊文，無條件送給買本書的讀者！！

透過轉化殊文的燒化，可以立即轉化歷代祖先對自己的干擾與連結。

如何印證轉化殊文的真假？

- 當事者可以燒化轉化殊文後，立即在祖先牌位或家中所供奉的神像前擲杯筊，連續兩個聖杯印證（一正一反稱為一聖杯）。

- 到正派的大廟，直接向所供奉的主神擲杯筊確認。建議到供奉關聖帝君為主神的台北行天宮或三峽白雞行修宮印證，其正氣不易受負面能量干擾，較能精準印證燒化轉化殊文的結果。

- 夢見往生親人微笑，也是燒化轉化殊文產生效力的證明。

轉化殊文燒化後若有任何印證的問題，可直接用e-mail來信提問，絕不收取費用，也沒有後續的費用。因為真理不用花錢，大能完全來自於造物主，當然就沒有任何費用的問題。

2 黑色麥克專題講座音樂會

透過黑色麥克的專題講座深入導讀與解析，讓你更融入生命的真相與喜樂。所有針對“黑色慾經”的各種疑問，皆可以在專題講座裡得到更深入和完整的解答。

首創主題演講與音樂融合的精彩講座，讀者五顆星評價，絕對不能錯過的生命饗宴。

透過貴賓卡號申請加入K5會員，往後參加專題講座音樂會活動一律半價200元。

客服專線／04-23014849　　email／k5ice@k5ice.com.tw

黑色慾經

THE BLACK
DESIRE SCRIPTURE

著　作	神祕手卷
整　理	黑色麥克
出版者	天宇工作室
地　址	403台中市西區美村路一段158號3樓
電　話	04-23014849
傳　眞	04-23055840
封面設計	Rainbow視覺工作室 馬佳寧
內頁編排	Rainbow視覺工作室 馬佳寧
影像製作	王毓菁Sky Zero
網路宣傳	甘倩華Angela、黃蕾Pure
行銷企劃	林儀緢Windy、陳玉枝Star、劉雨欣Ray、李怡慧Being
校　對	鄭聖玲Eve
印務統籌	李家振Leaf
印　刷	鴻友印前數位整合股份有限公司
電　話	02-82452934
地　址	23584新北市中和區中山路二段366巷10號6樓
總經銷	白象文化事業有限公司
地　址	402台中市南區美村路二段392號
電　話	04-22652939
傳　眞	04-22651171
出版日期	2014年6月出版
定　價	380元
ISBN	978-986-865-8318

國家圖書館出版品預行編目資料

黑色慾經 / 神祕手卷 著作；黑色麥克 整理.
– 初版. -- 臺中市：天宇出版：
白象文化發行, 2014. 06
面；公分

ISBN 978-986-865-8318（平裝）
1. 性知識　2.心靈能量

429.1　　103009482

轉化殊文　兌換券

請填妥兌換券背面資料，同時附上回郵信封，直接郵寄台中市西區美村路一段158號3樓 黑色慾經讀者服務部收即可。

亦可於參加專題講座音樂會時現場兌換。

（兌換券需正本，影印者不予處理。一張兌換券限兌換一張轉化殊文）

黑色麥克專題講座音樂會　兌換券

——免費入場券——

請直接上官網或專屬fb注意講座時間，並用mail：k5ice@k5ice.com.tw報名。

透過貴賓卡號申請加入K5會員，往後參加任何講座活動一律半價200元。

姓名 ______________________ 手機 ______________________

EMAIL ______________________ 生日 ______________________

黑色慾經

THE BLACK
DESIRE SCRIPTURE

姓名 ______________________ 手機 ______________________

EMAIL ______________________ 生日 ______________________

黑色慾經

THE BLACK
DESIRE SCRIPTURE